计算机系列教材

钱雪忠 赵芝璞 宋威 吴秦 陈国俊 编著

新编C语言程序设计实验与学习辅导（第2版）

清华大学出版社
北 京

内容简介

本书是与《新编C语言程序设计(第2版)》(钱雪忠等编著,清华大学出版社出版)配套的实验与辅导教材,也适合与其他C语言教材配合使用或独立使用。

本书给出了《新编C语言程序设计(第2版)》一书的大部分习题的参考答案;精心编排了11个课程实验;并以计算机等级考试二级C语言(全国与江苏版)为参照,精选了若干试卷与上机题。本书能帮助读者探究习题解答,加强实验、实践活动,从而扎实地掌握C语言,尤其能够帮助准备参加计算机等级考试二级C语言的读者为考试做好准备。

本书由3部分组成,第1部分包括实验要求与实验环境介绍及11个与课程进度对应的实验;第2部分是第1~14章的习题参考答案;第3部分是课程测试试卷及其答案分析。

本书既适合C语言的初学者使用,也适合具有一定的C语言基础、想进一步提高C语言编程能力的读者使用,尤其适合准备参加计算机等级考试二级C语言的读者使用。

图书在版编目(CIP)数据

新编C语言程序设计实验与学习辅导/钱雪忠等编著. —2版. —北京:清华大学出版社,2021.3 (2024.1重印)
计算机系列教材
ISBN 978-7-302-56680-9

Ⅰ. ①新… Ⅱ. ①钱… Ⅲ. ①C语言-程序设计-高等学校-教学参考资料 Ⅳ. ①TP312.8

中国版本图书馆CIP数据核字(2020)第203266号

责任编辑: 袁勤勇 薛 阳
封面设计: 常雪影
责任校对: 时翠兰
责任印制: 杨 艳

出版发行: 清华大学出版社
网 址: https://www.tup.com.cn,https://www.wqxuetang.com
地 址: 北京清华大学学研大厦A座 **邮 编:** 100084
社 总 机: 010-83470000 **邮 购:** 010-62786544
投稿与读者服务: 010-62776969,c-service@tup.tsinghua.edu.cn
质量反馈: 010-62772015,zhiliang@tup.tsinghua.edu.cn
课件下载: https://www.tup.com.cn,010-83470236
印 装 者: 三河市铭诚印务有限公司
经 销: 全国新华书店
开 本: 185mm×260mm **印 张:** 17.25 **字 数:** 411千字
版 次: 2014年3月第1版 2021年4月第2版 **印 次:** 2024年1月第3次印刷
定 价: 56.00元

产品编号:087576-01

前　言

C语言是国内外广泛使用的计算机程序设计语言，是高等院校相关专业重要的专业基础课程。由于C语言具有功能丰富、表达力强、使用灵活方便、应用面广、目标程序效率高、可移植性好等特点，自20世纪90年代以来，C语言迅速在全世界普及推广。目前，C语言仍然是最优秀的程序设计语言之一。

C语言程序设计是一门实践性非常强的课程，重视实验、强调编程和动手能力是真正学好C语言课程的关键；另外，力求习题一题多解，同时寻找最优解是不断提高编程水平的有效方法，愿本书在这些方面能给读者提供帮助。

本书从目前高校的实际实验学时数的现状出发，结合多位一线教师的教学经验，对大量的C语言实验教材内容进行选优整合，力求精练，以达到事半功倍的效果。

本书是与《新编C语言程序设计(第2版)》(钱雪忠等主编，清华大学出版社出版)配套的实验与学习辅导教材，用于帮助学生自学和辅助课程实践教学，也适合与其他C语言教材配合使用或独立使用。

本书在第1版基础上主要做了如下修订：①全面修订第1版中已被发现的错误与不足；②采用二维码等新型方式出版，能提供更丰富更多样的教材资源；③取长补短，精雕细琢，吸取同类优秀教材的优点来不断改进与优化教材；④C语言运行环境的更新，由Visual C++ 6.0转到Visual C++ 2010，同步于全国计算机等级考试二级C语言的运行环境要求。同时也可采用Code::Blocks、C-Free、Dev C++等多种C/C++集成开发平台。

本书由钱雪忠、赵芝璞、宋威、吴秦、陈国俊编著，参编人员有吕莹楠、高婷婷、李婷、程建敏等，参与程序调试的人员有钱恒、任看看、马亮、施亮、邓杰、孙志鹏等。本书在编写过程中还得到了江南大学物联网工程学院智能系统与网络计算研究所同仁的大力协助与支持，在此表示衷心的感谢。

由于时间仓促，加之编者水平有限，书中难免有疏漏和欠妥之处，敬请广大读者与同行专家批评指正。

编者

于江南大学蠡湖校区

2021年1月

目　录

第1部分　新编C语言程序设计实验指导

第2部分　新编C语言程序设计习题参考解答

第3部分　新编C语言程序设计测试

第1部分

新编C语言程序设计实验指导

第1章　实验要求与实验环境

1.1　C语言编程环境及其基本操作

使用C语言编写的源程序必须经过编辑、编译、连接，生成可执行的二进制文件，然后运行可执行文件，才能得到运行结果。

C语言编译系统就是用来完成对C语言源程序进行编译、连接、翻译成计算机可执行程序的系统软件。C语言的编译系统由不同的软件厂商开发，目前已有许多种不同的C语言编译系统，常见的有GCC(MingW/GNU GCC)、MS VC++系列、clang(基于LLVM的C/C++/Objective-C编译器)、Digital Mars、Borland C++、Open Watcom、Small Device C Compiler (SDCC)、Symantec C++、Intel C++ Compiler、Cygwin等。

软件厂商在研发C语言编译系统的同时，往往会开发对C语言等源程序进行的编辑、编译、连接、调试、运行及项目管理等辅助功能的软件编程环境(或称软件开发平台)，这样的软件编程环境有Microsoft Visual C++ 6.0、Microsoft Visual Studio.NET(2003、2005、2008、2010、2012、2013、2015、2017等版本)、Dev-C++、Code::Blocks(Windows 7、Windows 8、Windows 10可以用)、Borland C++ 5.5、Watcom C/C++、Borland C++ Builder、GNU DJGPP C++、Lccwin32 C Compiler 3.1、High C、Turbo C 2.0、GCC(GNU编译器套件)、C-Free和Win-TC(Windows 2000/XP/7都可以用)、My Tc、Symantec C++ 7.0等，软件编程环境所采用的编译器可以明确固定，可以灵活选择多种，由于C语言比较成熟，所以编程环境非常多。它们对C语言的编译功能大同小异，一般都提供对C语言程序的编辑、编译、连接、调试与运行等功能，并且往往把这些功能集成到一个操作界面，呈现出功能丰富、操作便捷、直观易用等特点。

要注意的是，C语言集成开发环境或编译系统一般只支持英文，只有在被汉化后才能使用汉字串，支持输入汉字。

应选用哪一种编译环境呢？本书将选用Visual C++ 2010集成开发环境来开展实践，若不便安装Visual C++ 2010，本书也适用于轻量型的Win-TC或Turbo C 2.0编程环境等来编辑、编译、连接与运行程序。另外，读者对Code::Blocks、Dev C++、VS.NET 2003等更高版本与Linux环境里运行C程序也应有所了解。绝大多数的C语言程序是可以顺畅地运行于多种不同的编译环境中的。

1.2　上机实验目的与要求

1. 实验目的

上机实验是学习程序设计语言必不可少的实践环节，特别是C语言灵活、简洁、语法检查不太严格，更需要通过编程实践来掌握。C程序设计语言除了课堂讲授以外，还必须保证有不少于课堂讲授学时的上机时间。若因为学时所限不能保证集中的上机学时，希望学生们能在课外自行上机(当然更应该珍惜有限的课内上机的机会),这样才能尽快掌握用C语言开发程序的能力,为今后的继续学习打下一个良好的基础。为此,本书结合课堂讲授的内容和进度安排了11个实验,上机实验的目的,不仅是验证教材和讲课的内容、检查自己所编的程序是否正确,更重要的还有以下几个方面。

1) 加深对课堂讲授内容的理解

课堂上,老师要讲授许多关于C语言的语法规则,听起来十分枯燥乏味,也不容易记住,而且死记硬背的效果不佳。通过多次上机练习,学生能够对语法规则有一些感性的认识,从而加深对其理解,在理解的基础上自然而然也就掌握了。对于一些知识点,学生可能感觉自己在课堂上听懂了,但上机实践时却发现原来的理解有偏差。还有一些知识点,只有在程序运行时(编译连接通过后)才能加深,只能靠上机实践来体会和掌握。

学习C语言不能停留在只学习它的语法规则上,而在于利用学到的知识编写C语言程序并解决实际问题,只有通过上机才能检验自己编写的程序是否能得到正确的结果。

通过上机实验来验证自己编写的程序是否正确,是大多数同学初学C语言程序时的心态,倘若只停留在这一步,那就是“故步自封”。**在程序验证完成后,同学们还应该问自己:还有其他解决方法吗?还可以用其他语句吗?这是最好的解决方法吗?在此题中自己犯了哪些错误?**

对于C语言,只有自己编程并得到正确的结果才能加深对C语言知识点的理解并提高开发能力。**算法之精妙、程序结构之清晰、界面之友好、容错性之高永远是程序员追求的目标。**

2) 熟悉程序开发环境,学习计算机系统的操作方法

一个C语言源程序从编辑、编译、连接到运行,都要有一定的外部操作环境作支撑。所谓“环境”,就是用户所用的计算机系统硬件、软件及配置等,用户只有学会使用这些环境,才能进行程序开发工作。只有通过上机实验,才能熟练地掌握C语言开发环境,为以后真正编写计算机程序解决实际问题打下基础。同时,在今后遇到其他语言开发环境时也会触类旁通,很快掌握。

本书将介绍以下几种上机实验环境,以适应不同的需要。

(1) Win-TC集成环境(16位图形界面编译系统)。

(2) Visual C++ 6.0集成环境(32位图形界面编译系统)。

(3) Turbo C 2.0集成环境(16位字符界面编译系统)。

(4) VS.NET集成环境(微软公司较新的开发平台,包括VC++ 2010)。

(5) Linux环境及其GCC编译器(开源系统及其编程)。

(6) Code::Blocks C/C++集成开发平台。

(7) C-Free C/C++集成开发平台。

(8) Dev C++集成开发平台。

(9) C语言在线编译器。

3) 学习上机调试程序

完成了程序的编写,绝不意味着万事大吉。无论技术多么高超的人都不敢吹嘘:“凡是自己编写的程序都能一次性通过而无任何错误”。有时候,被认为万无一失的程序,在实际上机运行时可能会不断出现错误。例如,编译程序检测出一大堆语法错误:scanf()函数的

输入表中出现非地址项，某变量未进行类型定义，语句末尾缺少分号、括号或引号未成对等。有时程序本身不存在语法错误，也能够顺利运行，但是运行结果显然是错误的。开发环境所提供的编译系统无法发现这种程序逻辑错误，程序员只能靠自己的上机经验分析、判断错误所在。程序调试是一个技巧性很强的工作，对于初学者来说，尽快掌握程序调试方法是非常重要的。有时候，一个消耗自己几个小时的小小错误，调试高手一眼就能看出错误所在。

经常上机实验的人见多识广、经验丰富，对于出现的错误能够很快地找到出错点。通过C语言提供的调试手段逐步缩小错误点的范围，最终找到错误点和错误原因，这种经验和能力只有自己通过长期上机实践才能取得。当然，向别人学习调试程序的经验很重要，但更重要的是自己上机实践，分析、总结调试程序的经验和心得。别人告诉自己一个经验，自己当时似乎明白，但出现错误时，由于情况千变万化，这个经验不一定能用得上，或者根本没有想到使用该经验，类似的错误照犯不误。也就是说，只有通过自己在调试程序过程中分析、总结出的经验才是自己的，一旦遇到问题，应对之策自然而生。所以，调试程序不能指望别人代替，而必须自己动手。编写出源程序，只能说完成了一半的工作，另一半工作就是调试程序，得到正确的结果。请牢牢记住这句话：**“正确的程序是调试出来的!”**

2. 实验要求

上机实验一般包括**上机前的准备(编程)**、**上机调试运行和实验后的总结** 3个步骤。

1) 上机前的准备

上机前的准备指根据问题进行分析，选择适当的算法并编写程序。在上机前，自己一定要仔细检查程序(称为静态检查)，直到找不到错误(包括语法和逻辑错误)为止，并分析可能遇到的问题及解决的对策。另外，还要准备几组测试程序的数据和预期的正确结果，以便发现程序中可能存在的错误。

如果在上机前没有做充分的准备，在上机时临时拼凑一个错误百出的程序，那么宝贵的上机时间就白白浪费了；如果抄写或复制一个别人编写的程序并且不实践，那么到头来自己会一无所获。

2) 上机调试运行

按照C语言语法规则编写的C程序称为源程序。源程序由字母、数字及其他符号等组成，在计算机内部用相应的ASCII码表示，并保存在扩展名为c或cpp的文件中。源程序是无法直接被计算机运行的，这就需要把源程序先翻译成机器指令(目标程序)，然后计算机的CPU才能运行。

源程序的翻译过程由**编译(含预编译)与连接**两个步骤实现。

对源程序进行编译，即把每一条语句用若干条机器指令来实现，以生成由机器指令组成的目标程序。但目标程序还不能马上交给计算机运行，因为在源程序中，输入、输出以及常用函数的计算过程并不是用户自己编写的，而是直接调用系统函数库中的**库函数**。因此，必须把“库函数”的计算过程指令连接到经编译生成的目标程序中合成可执行程序，并加入经操作系统对执行程序的地址重定位机制所产生的**文件头**，这样才能由计算机运行，最终得到结果。

首先进入C语言集成开发环境，输入并编辑事先准备好的源程序，然后对源程序进行编译，查找语法错误，若存在语法错误，重新进入编辑环境，改正后再进行编译，直到通过编译，得到目标程序(扩展名为obj)。接下来进行连接，产生可执行程序(扩展名为exe)，使用预先准备的测试数据运行程序,观察是否得到预期的正确结果。若有问题,仔细调试,排除各种错误,直到得到正确的结果。

在调试过程中,自己要充分利用C语言集成开发环境提供的调试手段和工具,例如**单步跟踪、设置断点、监视变量值的变化等**。对于整个过程,自己应独立完成,不要有一点儿问题就找老师,要学会独立思考、勤于分析,因为通过自己实践得到的经验用起来更加得心应手。

3)实验后的总结

在实验结束后,要整理实验结果并进行认真分析和总结,如果是学生,要根据课程老师的要求写出实验报告。

实验报告一般包括以下内容。

(1)实验名称。

(2)实验目的与要求。

(3)具体的实验步骤(含程序或程序段)。

(4)实验结果,包括原始数据、相应的运行结果和必要的说明。

(5)实验小结,包括实验过程中的心得体会和经验教训的分析与思考等。

1.3 在Visual C++ 6.0环境下运行C程序

1.3.1 Visual C++ 6.0概述

Visual C++ 6.0(简称VC++ 6.0)是微软公司推出的目前使用极为广泛的基于Windows平台的可视化集成开发环境,它和Visual Basic、Visual FoxPro、Visual J++等其他软件构成了Visual Studio(又名Developer Studio)程序设计开发平台。Visual Studio是一个通用的应用程序集成开发环境,包含文本编辑器、资源编辑器、工程编译工具、增量连接器、源代码浏览器、集成调试工具以及一套联机文档。使用Visual Studio可以完成创建、调试、修改应用程序等各种操作。

VC++ 6.0提供了面向对象技术的支持,能够帮助使用MFC库的用户自动生成一个具有图形界面的应用程序框架。用户只需在该框架的适当部分添加、扩充代码就可以得到满意的应用程序。

VC++ 6.0除了包含文本编辑器,C/C++混合编译器、连接器和调试器外,还提供了功能强大的资源编辑器和图形编辑器,利用“所见即所得”的方式完成程序界面的设计,大大减轻了程序设计的劳动强度,提高了程序设计的效率。

VC++ 6.0功能强大、用途广泛,不仅可以编写普通的应用程序,还能够很好地进行系统软件的设计及通信软件的开发。

1.3.2 使用Visual C++ 6.0建立C语言应用程序

利用VC++ 6.0提供的一种控制台应用程序项目可以建立C语言应用程序,Win32控制台程序(Win32 Console Application)是一类Windows程序,它不使用复杂的图形用户界面,程序与用户的交互通过一个标准的正文窗口进行,下面对如何使用VC++ 6.0编写简单的C语言应用程序做一个初步的介绍。

1. 安装和启动 VC++ 6.0

运行 Visual Studio 软件中的 setup.exe 程序，选择安装 VC++ 6.0，然后按照安装程序的指导完成安装过程。

安装完成后，在“开始”菜单的“程序”中有一个 Microsoft Visual Studio 6.0 菜单项，单击其中的 Microsoft Visual C++ 6.0 命令即可运行 VC++ 6.0(也可以在 Windows 桌面上建立一个快捷方式，以后双击它即可运行)。用户需要注意的是，VC++ 6.0 有英文版与汉化中文版之分。

2. 创建工程项目

使用 VC++ 6.0 建立C语言应用程序，首先要创建一个工程项目(Project)，用来存放C程序的所有信息。创建一个工程项目的操作步骤如下。

(1) 进入 VC++ 6.0 环境后，单击主菜单“文件”中的“新建”选项，在弹出的对话框中单击上方的“工程”标签，选择 Win32 Console Application 工程类型，在“工程名称”一栏中填写工程名，例如“MyExam1”，在“位置”一栏中填写工程路径(目录)，例如“D:\MYPROJECT\MyExam1”，如图1.1所示，然后单击“确定”按钮继续。

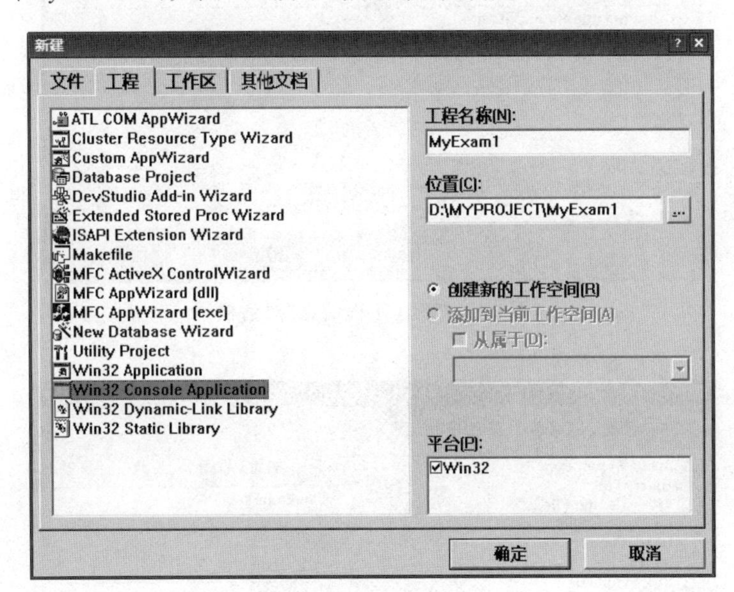

图1.1　创建工程项目

(2) 此时屏幕上出现如图1.2所示的“Win32 Console Application - 步骤1共1步”对话框，选择“一个空工程”项，然后单击“完成”按钮继续。

出现如图1.3所示的“新建工程信息”对话框后，单击“确定”按钮完成工程的创建，创建的工作区文件为 MyExam1.dsw 和工程项目文件 MyExam1.dsp。

3. 新建C源程序文件

选择主菜单“工程”中的“添加工程文件”→“新建”命令，弹出“新建”对话框，为工程添加新的C源程序文件，如图1.4所示。

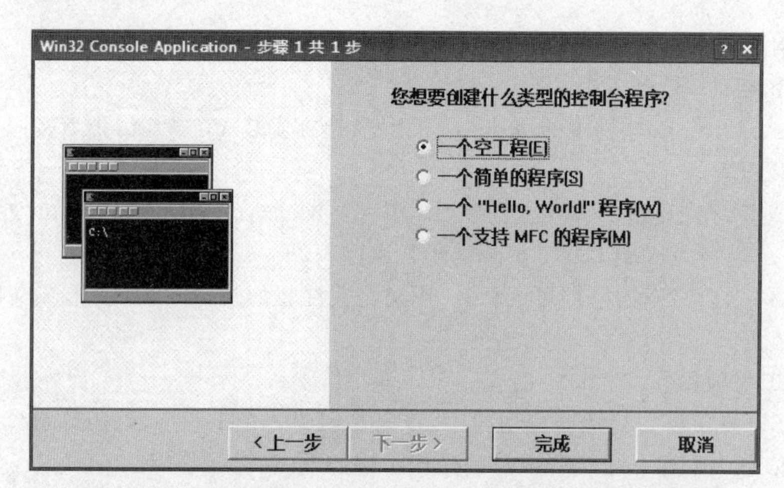

图 1.2 “Win32 Console Application - 步骤 1 共 1 步”对话框

图 1.3 “新建工程信息”对话框

图 1.4 加入新的 C 源程序文件

选择“文件”选项卡,然后选择 C++ Source File 选项,在“文件名”栏中输入新添加的源文件名,例如“MyExam1.c”,在“位置”栏中指定文件路径,单击“确定”按钮完成 C 源程序的新建操作。

接下来在文件编辑区输入源程序，然后保存工作区文件，如图 1.5 所示。

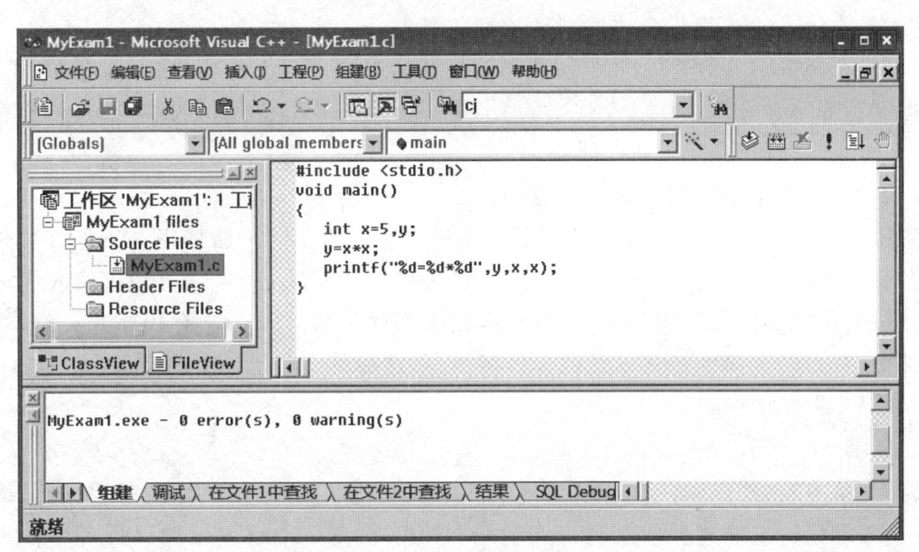

图 1.5　建立 C 源程序

注意：对于所输入的 **C 源程序文件名建议加上扩展名 c**，否则系统会为文件添加默认的 C++ 源文件扩展名 cpp。扩展名不同，系统将采用不同的编译器来编译，给出的编译信息将会不同。

4. 打开已经存在的工程项目，编辑 C 源程序

进入 VC++ 6.0 环境，选择主菜单"文件"中的"打开工作空间"命令，然后在弹出的对话框中找到并选择要打开的工作空间文件 MyExam1.dsw，单击"打开"按钮打开工作空间。

在左侧的工作区窗口中单击下方的 FileView 选项卡标签，以文件视图显示，然后展开 Source Files 文件夹，再打开要编辑的 C 源程序进行编辑和修改，如图 1.6 所示。

图 1.6　打开 MyExam1.dsw

5. 在工程项目中添加已经存在的 C 源程序文件

选择主菜单“文件”中的“打开工作空间”命令,在弹出的对话框中选择要打开的工作空间文件 MyExam1.dsw,然后单击“打开”按钮将其打开。

将已经存在的 C 源程序文件添加到当前打开的工作空间文件中,选择主菜单“工程”中的“添加到工程”→“文件”命令,在弹出的 Insert File into Project 对话框中找到已经存在的 C 源程序文件,单击“确定”按钮完成添加。

6. 由已有程序复制或另存为一个新程序

如果已经编辑并保存过 C 源程序,则可以利用它来建立一个新程序。一种方法是通过文件的复制、粘贴和重命名来新建一个程序,然后加入工程项目,再进行相应修改完成新程序的建立;另一种方法是利用“另存为”命令,先在工程中打开一个已有程序源文件,然后通过“文件”→“另存为”命令将它以其他文件名另存,这样就生成了一个新文件。

7. 编译、组建和执行

1) 编译

选择主菜单“组建或编译”中的“编译”命令,或单击工具条上的按钮,系统只编译当前文件而不调用链接器或其他工具。在输出(Output)窗口中将显示编译过程中检查出的错误或警告信息,在错误信息处右击或双击,可以使输入焦点跳转到引起错误的源代码的大致位置以进行修改。如图 1.7 所示,输出窗口中出现“error C2146: syntax error : missing ';' before identifier 'printf'”,提示在标识符“printf”之前缺少分号,同时在程序窗口中标注出出错语句的大致位置。在“y=x * x”语句的后面添加一个分号(;),然后再编译一次即可。

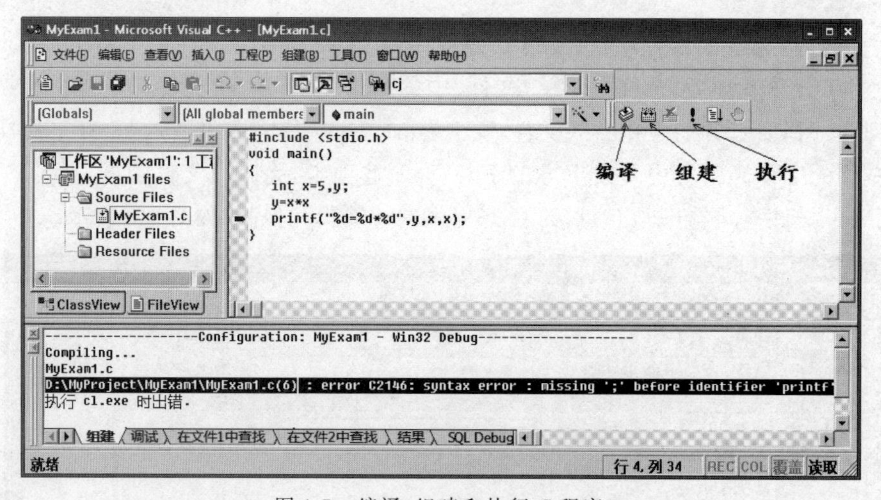

图 1.7　编译、组建和执行 C 程序

2) 组建(或连接)

选择主菜单“组建或编译”中的“组建”命令,或单击工具条上的按钮,可以对最后修改过的源文件进行编译和组建。

选择主菜单“组建或编译”中的“全部重建”命令,允许用户编译所有的源文件,而不管它们是否被修改过。

选择主菜单“组建或编译”中的“批组建”命令,能够单步重新建立多个工程文件,并允许用户指定要建立的项目类型。

程序组建完成后生成的目标文件(.obj)和可执行文件(.exe)存放在当前工程项目所在文件夹的Debug子文件夹中。

3) 执行

选择主菜单“组建或编译”中的“执行”命令,或单击工具条上的!按钮执行程序,将会出现一个新的用户窗口,按照程序要求输入数据后,程序即正确执行,用户窗口中显示运行的结果。

对于比较简单的程序,用户可以直接选择该命令,将编译、组建和执行一次性完成。

8. 调试程序

在编写较长的程序时,能够一次成功且不出现任何错误绝非易事,对于程序中的错误,系统提供了易用且有效的调试手段。调试是一个程序员最基本的技能,不会调试的程序员即使学会了一门语言,也不能编制出好的软件。

1) 调试程序环境介绍

(1) 进入调试程序环境。选择主菜单“组建或编译”中的“开始调试”命令,单击系统提供的下一级调试命令,或者在菜单区空白处右击,在弹出的菜单中选择“调试”命令。激活调试工具条;选择需要的调试命令,系统将会进入调试程序界面,同时提供多种窗口监视程序的运行,单击“调试”工具条上的按钮,可以打开或关闭这些窗口,如图1.8所示。

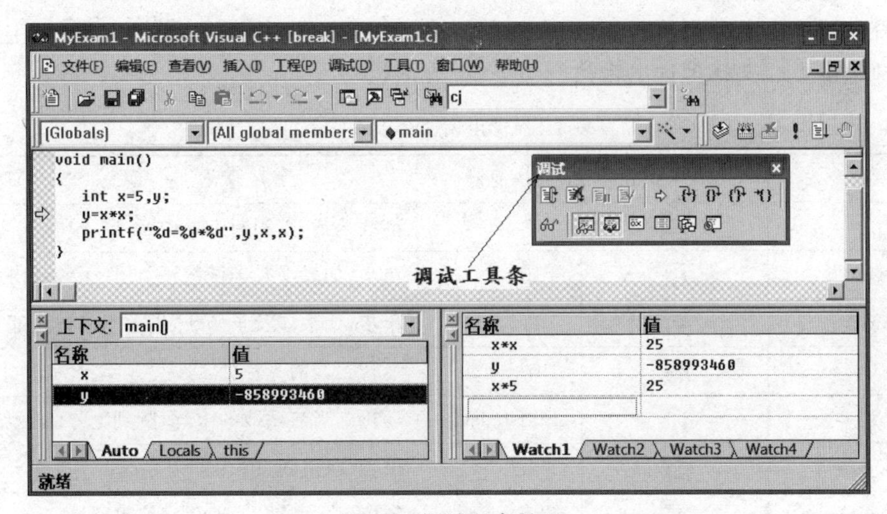

图1.8 调试程序界面

(2) Watch(观察)窗口。单击“调试”工具条上的Watch按钮,会出现一个Watch窗口,系统支持查看程序运行到当前指令语句时变量、表达式和内存的值,所有这些观察都必须在断点中断的情况下进行。

观察变量的值最简单,当断点到达时,把光标移动到这个变量上停留一会儿就可以看到变量的值。

用户还可以采用系统提供的一种被称为Watch的机制来观察变量和表达式的值。在断点中断的状态下,在变量上右击,选择Quick Watch命令,会弹出一个对话框显示这个变量的值。

在该窗口中输入变量或者表达式,就可以观察变量或者表达式的值。注意,这个表达式不能有副作用,例如,++和--运算符绝对禁止用在这个表达式中,因为这个运算符将修改变量的值,导致程序的逻辑被破坏。

(3) Variables(变量)窗口。单击"调试"工具条上的 Variables 按钮,会打开 Variables 窗口显示当前执行上下文中所有可见变量的值,特别是当前指令语句涉及的变量,以红色显示。

(4) Memory(内存)。对于指针指向的数组,Watch 窗口只能显示第一个元素的值,为了显示数组的后续内容,或者要显示一块内存的内容,可以使用 Memory 功能。单击"调试"工具条上的 Memory 按钮,会弹出一个对话框,在其中输入地址,就可以显示该地址指向的内存的内容。

(5) Registers(寄存器)。单击"调试"工具条上的 Registers 按钮,会弹出一个对话框显示当前所有寄存器的值。

(6) Call Stack(调用堆栈)。调用堆栈反映了当前断点处的函数是被哪些函数按照什么顺序调用的。单击"调试"工具条上的 Call Stack 按钮,系统会弹出 Call Stack 对话框。在 Call Stack 对话框中显示了一个调用系列,最上面的函数是当前函数,往下依次是调用函数的上级函数,单击这些函数名可以跳到相应的函数中。

2) 单步执行调试程序

系统提供了多种单步执行调试程序的方法,用户可以通过单击"调试"工具条上的按钮或按快捷键的方式选择多种单步执行命令,见表1.1。

表1.1 常用调试命令一览表

菜单命令	工具条按钮	快捷键	说　明
Go		F5	继续运行,直到断点处中断
Step Over		F10	单步,如果涉及子函数,不进入子函数内部
Step Into		F11	单步,如果涉及子函数,进入子函数内部
Run to Cursor		Ctrl+F10	运行到当前光标处
Step Out		Shift+F11	运行到当前函数的末尾,跳到上一级主调函数
Breakpoints		F9	设置/取消断点
Stop Debugging		Shift+F5	结束程序调试,返回程序编辑环境

(1) 单步跟踪进入子函数(Step Into),每按一次 F11 键或单击按钮,程序执行一条无法再进行分解的程序行,如果涉及子函数,则进入子函数内部。

(2) 单步跟踪跳过子函数(Step Over),每按一次 F10 键或单击按钮,程序执行一行,在 Watch 窗口中可以显示变量名及其当前值。在单步执行的过程中,用户可以在 Watch 窗口中加入所需观察的变量,从而辅助进行监视,随时了解变量当前的情况,如果涉及子函数,不进入子函数内部。

(3) 单步跟踪跳出子函数(Step Out),按 Shift+F11 组合键或单击按钮后,程序运行到当前函数的末尾,然后从当前子函数跳到上一级主调函数。

(4) 运行到当前光标处,按 Ctrl+F10 组合键或单击 按钮,程序运行到当前光标所在的语句。

3) 设置断点调试程序

为方便较大规模程序的跟踪,断点是最常用的技巧。断点是调试器设置的一个代码位置,当程序运行到断点时,程序中断执行,回到调试器。在调试时,只有设置了断点并使程序回到调试器,才能对程序进行在线调试,如图 1.9 所示。

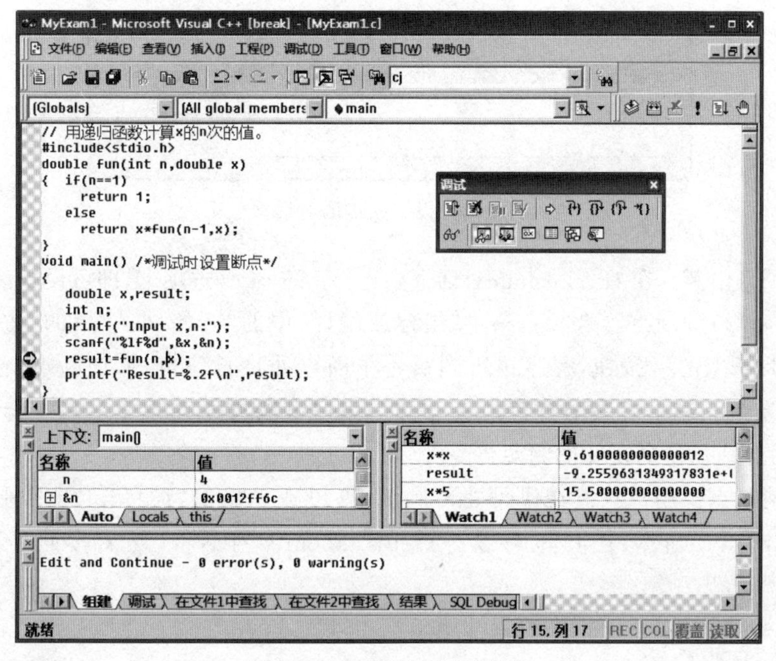

图 1.9 设置断点,调试程序

(1) 设置断点的方法。用户可以通过下述方法设置一个断点,首先把光标移动到需要设置断点的代码行上,然后按 F9 键或者单击“编译”工具条上的 按钮,断点所在的程序行的左侧会出现一个红色圆点。

用户还可以单击主菜单“编辑”中的“断点”命令,弹出 Breakpoints 对话框(如图 1.10 所示),然后单击“分隔符在”编辑框右侧的箭头,选择合适的位置信息。一般情况下,直接选择 Line ×就可以了,如果想设置不是当前位置的断点,可以选择“高级”,然后输入函数、行号和可执行文件信息。

系统提供了以下多种类型的断点。

① **条件断点**。用户可以为断点设置一个条件,这样的断点称为条件断点。对于新添加的断点,可以单击“条件”按钮,为断点设置一个表达式。当这个表达式发生改变时,程序即被中断。

② **数据断点**。数据断点只能在 Breakpoints 对话框中设置,选择 Data 选项卡,显示设置数据断点的界面。在编辑框中输入一个表达式,当这个表达式的值发生变化时到达数据断点。一般情况下,这个表达式应该由运算符和全局变量构成。

③ **消息断点**。VC 支持对 Windows 消息进行截获,共有两种方式,即使用窗口消息处理

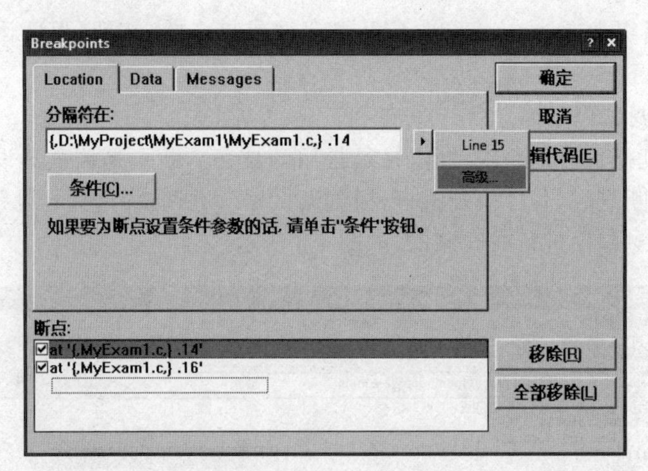

图 1.10　设置断点的对话框

函数和特定消息中断。在 Breakpoints 对话框中选择 Messages 选项卡,即可设置消息断点。

(2) 程序运行到断点。选择主菜单“组建或编译”中的“开始调试”下的“去”调试命令,或者单击工具条上的按钮,程序执行到第一个断点处将暂停执行,该断点所在的程序行的左侧红色圆点上添加了一个黄色箭头,此时,用户可以方便地观察变量。继续执行该命令,程序将运行到下一个相邻的断点。

(3) 取消断点。用户只需在代码处再次按 F9 键或者单击“编译”工具条上的按钮,即可以取消断点。当然,用户也可以打开 Breakpoints 对话框,然后按照界面提示去掉断点。

4) 结束程序调试,返回程序编辑环境

单击主菜单 Debug 中的 Stop Debugging 命令,或者单击“调试”工具条上的按钮,或者按 Shift+F5 组合键,可结束程序的调试,返回程序编辑环境。

9. 有关联机帮助

VC++ 6.0 提供了详细的帮助信息,用户可以通过选择“帮助”菜单下的“帮助目录”命令进入帮助系统。在源文件编辑器中把光标定位到一个需要查询的单词处,然后按 F1 键也可以进入 VC++ 6.0 的帮助系统。用户要使用帮助必须首先安装 MSDN。用户通过 VC++ 6.0的帮助系统可以获得几乎所有的 VC++ 6.0 的技术信息,这也是VC++ 6.0作为一个非常友好的开发环境所具有的特色之一。

10. 建立和运行一个含有多个文件的程序

一个程序包含多个源程序文件,因此需要建立一个项目文件,在这个项目文件中包含多个文件(源文件和头文件)。项目文件是放在项目工作区中的,因此还要建立项目工作区。在编译时,系统会分别对项目文件中的每个文件进行编译,然后将所得到的目标文件连接成一个整体,再与系统的有关资源连接,生成一个可执行文件,最后执行这个文件。

在实际操作时有以下两种方法。

1) 由用户建立项目工作区和项目文件

(1) 将同一程序中的各个源程序文件,存放在指定目录(最好是一个,好找)下:如将 file1.c file2.c file3.c file4.c 保存在 D:\CC 子目录下。

(2) 建立一个项目工作区。File(文件)→New(新建)→Workspaces(工作区):Workspace name(工作区空间名称)→ws1,Location(位置)→D:\CC(或其他目录)→OK(确定)。

(3) 建立项目文件。File(文件)→New(新建)→Project(工程)→Win32 Console Application(Win32 位控制台程序):Project name(工程名称)→ project1 Location(位置):D:\CC\WS1\project1|OK(确定)→An empty project(一个空工程)→finish(完成)→OK(确定)。

(4) 将源程序文件放到项目文件中。Project(工程)|Add To Project(增加到工程)|Files(文件)→Insert Files into Project(插入文件到工程):选中 file1.c file2.c file3.c file4.c →OK(确定)。

(5) 编译和连接项目文件:Build(编译或组建)|Build project1.exe(编译或组建[project1.exe])。

(6) 执行可执行文件:Build(编译或组建)|Execute project1.exe(执行[project1.exe])。

2) 用户只建立项目文件,不建立项目工作区,由系统自动建立项目工作区

(1) 分别编辑同一程序中的各个源程序文件。

(2) 建立一个项目文件(不必先建立项目工作区)。在 VC++ 6.0 主窗体中单击 File→New 命令,在弹出的 New 对话框中选择 Projects 选项卡,然后选择 Win32 Console Application 项,输入新建的工程文件名,单击 OK 按钮完成项目的建立。

(3) 将源程序文件放到项目文件中。选择 Project→Add To Project→Files 命令,在弹出的 Insert Files into Project 对话框中选择 file1.c、file2.c、file3.c、file4.c,单击 OK 按钮。

(4) 编译与连接项目文件。

(5) 执行已生成的可执行文件。

file1.c、file2.c、file3.c、file4.c 源程序文件的内容如下。

```
//file1.c 文件
#include <stdio.h>
int main(void)
{
    extern void enter_string(char str[]);
    extern void delete_string(char str[],char ch);
    extern void print_string(char str[]);
    /* 以上 3 行声明在本函数中将要调用的在其他文件中定义的 3 个函数 */
    char c;
    char str[80];
    enter_string(str);
    scanf("%c",&c);
    delete_string(str,c);
    print_string(str);
}
//file2.c 文件
#include <stdio.h>
void enter_string(char str[80])
```

```
{
    gets(str);
}
//file3.c 文件
#include <stdio.h>
void delete_string(char str[],char ch)
{
    int i,j;
    for (i=j=0;str[i]!='\0';i++)
    {
        if (str[i]!=ch)
        {
            str[j++]=str[i];
        }
    }
    str[j]='\0';
}
//file4.c 文件
#include <stdio.h>
void print_string(char str[])
{
    printf("%s\n",str);
}
```

1.4 Win-TC环境及其操作

Win-TC是基于Windows操作系统的一个16位的C语言编译工具,它的内核还是Turbo C 2.0,所以最好在Windows XP下使用。关于Win-TC的安装比较容易,此处省略。

操作步骤如下。

1. 进入Win-TC集成环境

双击桌面上的Win-TC图标或在Win-TC文件夹中双击Win-TC.exe文件进入Win-TC集成环境,如图1.11所示。

若想将自己的实验成果(含源程序)保存在自己的文件夹中,可以先建立一个文件夹,例如C:\Win-TC\Mydoc,然后选择“编辑”→“编辑配置”→工作目录右边的图标,找到C:\Win-TC\Mydoc,然后单击“确定”按钮,此时会出现如图1.12所示的对话框,实验成果将保存在C:\Win-TC\mydoc文件夹中,否则保存在\Win-TC\projects文件夹中。

在如图1.11所示的主窗口中可能存留有其他C程序,此时可以选择“文件”→“新建”命令,打开如图1.13所示的窗口。

在图1.13的中间窗口中输入准备好的C语言源程序,认真检查有无错误,然后转至第2步进行编译连接。此处假设已经输入了以下程序:

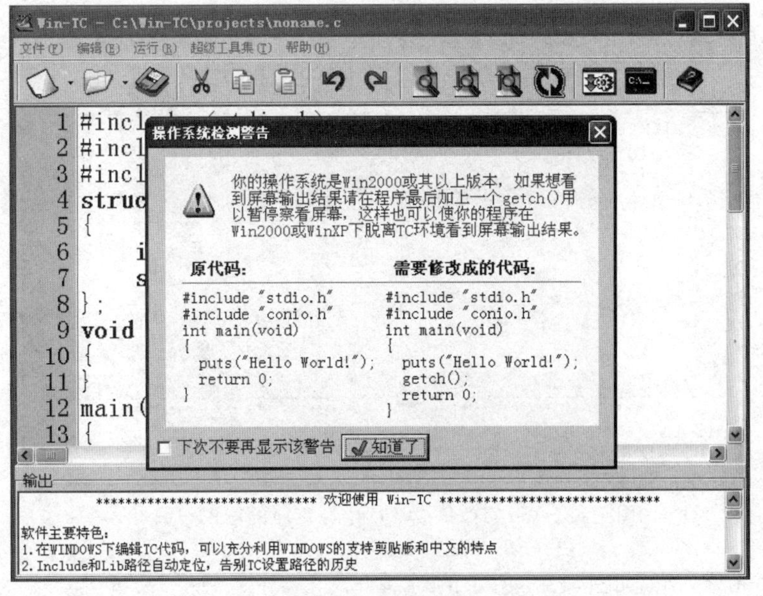

图 1.11 新建文件窗口

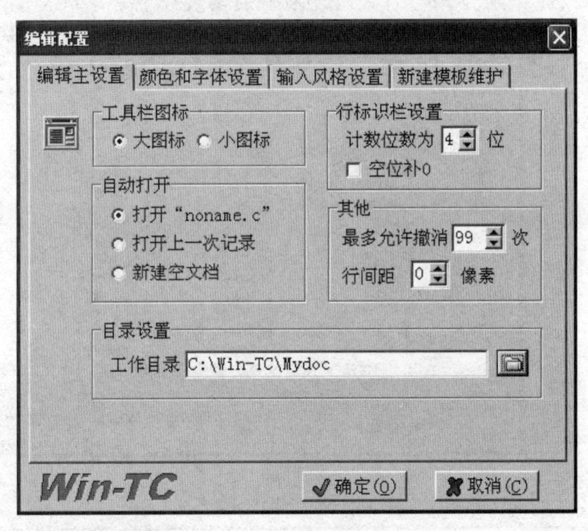

图 1.12 "编辑配置"对话框

```
#include <stdio.h>
int main(void)                          /* 主函数 */
{
    printf("This is a C program.\n");   /* 在屏幕上显示 This is a C program */
    getch();
}
```

2. 编译、连接源程序

在图 1.13 中单击"运行"→"编译连接"命令，此时有以下两种可能。

(1) 程序中有错误，此时在屏幕下部的"输出"小窗口中有出错的行号及错误原因，应据此进行修改并再次编译、连接。

```
Win-TC - C:\Win-TC\projects\noname.c
文件(F) 编辑(E) 运行(R) 超级工具集(T) 帮助(H)
1 #include<stdio.h>
2 void main( )        /*主函数*/
3 {
4     printf("This is a C program.\n");/*在屏幕上显
5     getch();
6 }
7
输出
******************************** 欢迎使用 Win-TC ********************************
软件主要特色:
1.在WINDOWS下编辑TC代码,可以充分利用WINDOWS的支持剪贴版和中文的特点
2.Include和Lib路径自动定位,告别TC设置路径的历史
```

图 1.13　Win-TC 集成环境中源程序的输入与编辑

(2) 程序无错,出现如图 1.14 所示的对话框。

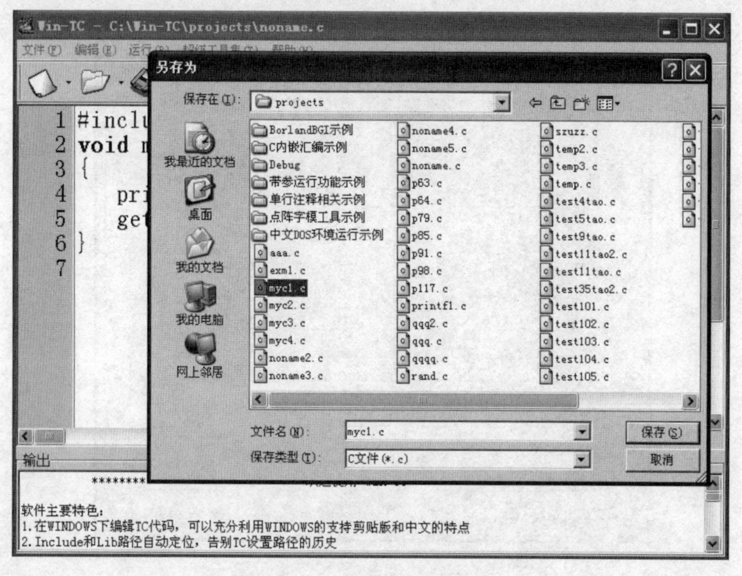

图 1.14　"另存为"对话框

输入文件名后单击"保存"命令,会出现如图 1.15 所示的提示框,单击"确定"按钮。

3. 运行程序

选择"运行"→"编译连接并运行"命令,然后单击"确定"按钮。

特别提示:在 Windows 2000 或 Windows XP 系统下运行,程序的最后一行一定要加上"getch();",否则看不到运行结果。

运行本例,出现如图 1.16 所示的显示运行结果的黑色窗口,在此窗口中若需要输入数据,则在此按照输入格式输入。本例不要求输入数据。

4. 按钮操作

在 Win-TC 窗体的工具栏上,可以找到和两个按钮。

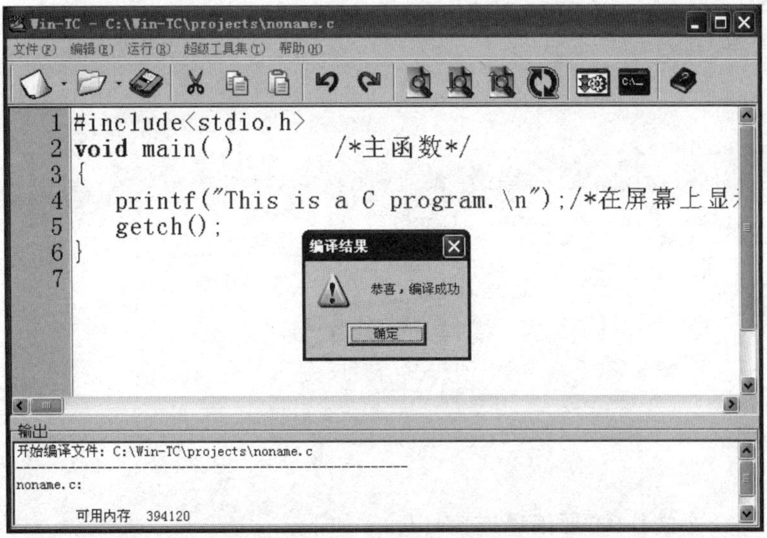

图 1.15　编译连接成功

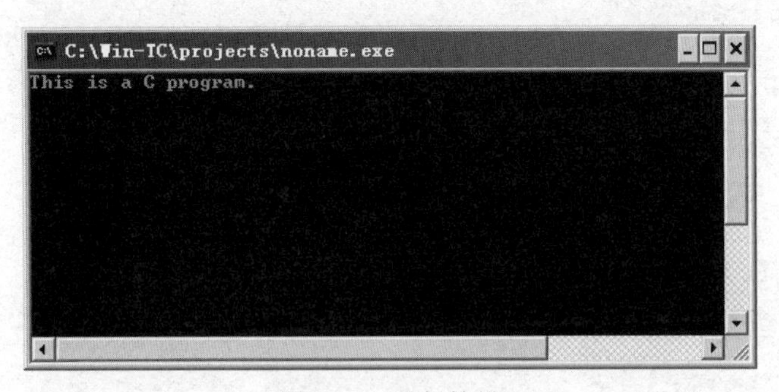

图 1.16　运行结果

其中,左边是“编译连接”按钮,右边是“编译连接并运行”按钮,它们都可以快捷地编译代码,所不同的是,“编译连接并运行”按钮还可以在编译后立即运行程序来检验是否是自己所期望的结果。

源文件的新建、打开和保存操作也可以方便地使用相应工具栏按钮来实现。

注意:为了观察程序的运行结果,在程序代码最后需要添加语句“getch();”或“getchar();”。

5. 在 Win-TC 中建立多文件项目的方法

(1) 建立一个主文件(不要编译连接)file1.c 如下。

```
/* file1.c */
#include <stdio.h>
int m=30;
extern a;
void B(void)
{   int b=20;
    m=m+a;
    printf("Hello!Running B() Now!\n");
```

```
    printf("a=%d b=%d m=%d in B()\n",a,b,m);
    return;
}
void A(void);
int main(void)
{   printf("Hello!Running main() Now!\n");
    printf("a=%d  m=%d  in main()\n",a,m);
    A();
    B();
    printf("Hello!Return to main() Now!\n");
    printf("a=%d  m=%d  in main()\n",a,m);
    getch();
    return 0;
}
```

(2) 建立第二个文件(不要编译连接)file2.c 如下。

```
/* file2.c */
#include <stdio.h>
extern m;
int a=50;
void A(void)
{   int b=10,a=200;
    m=m+b;
    printf("Hello!Running A() Now!\n");
    printf("a=%d  b=%d m=%d  in A()\n",a,b,m);
    return;
}
```

(3) 选择"文件"→"新建文件"命令建立一个新文件,如图 1.17 所示。

图 1.17　多文件程序的编译方法

然后选择"文件"→"文件另存为"命令,将其另存为 f12.c 文件。

(4) 选择"运行"→"编译连接"命令或按 F9 键生成 f12.exe 文件。

(5) 运行 f12.exe 文件,结果如图 1.18 所示。

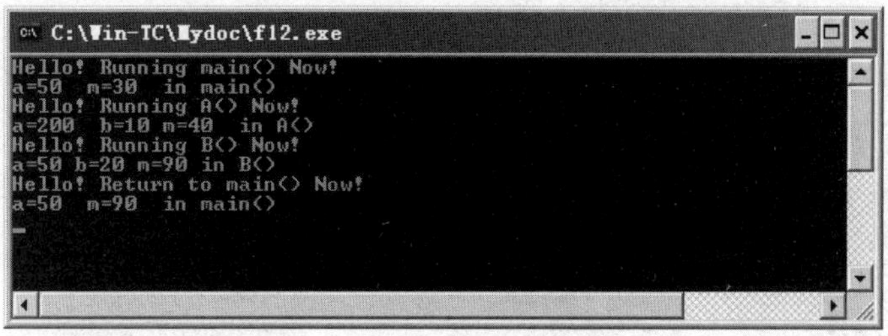

```
C:\Win-TC\Mydoc\f12.exe
Hello! Running main() Now!
a=50  m=30  in main()
Hello! Running A() Now!
a=200  b=10 m=40  in A()
Hello! Running B() Now!
a=50 b=20 m=90 in B()
Hello! Return to main() Now!
a=50  m=90  in main()
```

图 1.18　多文件程序的运行结果

类似地，任意多个 C 语言程序都可以利用这种办法来集成开发与运行，并且这种集成多文件于一个应用程序的方法还能用于其他 C 语言开发环境，读者不妨一试。

1.5　Turbo C 2.0 环境及其操作

Turbo C 2.0 是 Borland 公司为 PC 系列微型计算机研制的 C 语言程序开发软件包，它集程序编辑、编译、连接、调试、运行于一体，功能齐全、使用方便。用户可在 Turbo C 2.0 环境下全屏编辑，利用窗口功能进行编译、连接、调试、运行、环境设置等工作。系统文件占用的磁盘空间不大于 3MB，对显示器无特殊要求，因此，Turbo C 2.0 几乎在所有的计算机上都可以使用。Turbo C 2.0 是早期微型计算机上最流行的 C 语言程序开发软件之一。

1.5.1　Turbo C 2.0 的安装方法

1. 复制 TC 2.0 系统文件

利用 Windows 下拉菜单中的"建立文件夹"命令中的"建立子目录"命令在硬盘上建立自己的子目录，例如 TC 2.0，然后将装有 Turbo C 2.0 的系统盘的所有内容复制到自己建立的子目录中，就完成了 Turbo C 2.0 的安装。

之后，需要进行系统环境的设置，详细操作参考 1.5.3 节。

2. 从网上下载 TC 2.0 系统软件

登录某网站或某搜索网页，搜索到 TC 2.0 软件，将其下载到本机指定的目录即可。

1.5.2　Turbo C 2.0 的使用方法

1. 进入 Turbo C 2.0 集成开发环境

如果在 Windows 操作系统下已经安装了 Turbo C 2.0，则只要双击 tc.exe 文件名或者在 DOS 的行命令下执行 tc.exe 文件即可进入 Turbo C 2.0 的集成环境，屏幕上显示出如图 1.19 所示的主菜单窗口。

主菜单窗口共分为四大部分，屏幕顶端是一个下拉式主菜单，用来选择集成环境的各项主要功能。除了"编辑"以外，主菜单中的每一项都对应一个子菜单，子菜单的各选项对应于一项具体的操作。

第二部分是编辑程序区，用来编辑 C 语言的源程序。用户第一次进入 Turbo C 2.0 集成环境，会在主菜单窗口中显示 C 语言版本的小窗口，在主菜单窗口中按任一键后，可去掉该窗口，以后再次进入 Turbo C 2.0 集成环境时就不会显示了（在程序运行的任何时间按

Shift+F10组合键均可调出版本信息)。

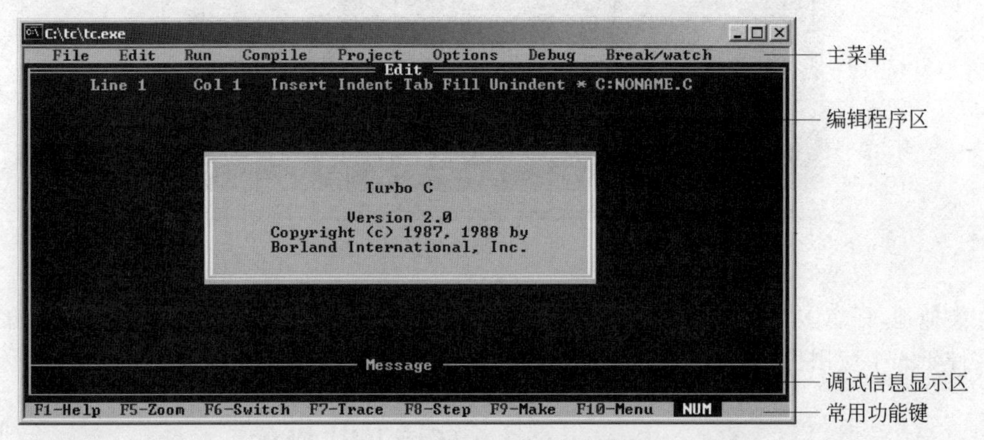

图1.19 Turbo C 2.0用户界面

第三部分是调试信息显示区,显示出错的位置及错误性质。

第四部分在屏幕的最下方,它是一个提示行,列出了最常用的几个功能键及其作用,说明如下。

F1—Help:联机帮助。

F5—Zoom:缩放已经激活的窗口。

F6—Switch:交替激活编辑/信息窗口。

F7—Trace:单步执行程序,可以跟踪到函数内部调用。

F8—Step:单步执行,不可以跟踪到函数内部。

F9—Make:编译和连接。

F10—Menu:激活主菜单项。

调用Turbo C 2.0中的某项功能可以使用两种方法,一种是通过上述菜单,另一种是直接使用与该项功能对应的功能键。使用菜单也有两种方法,一种是先按下功能键F10,使主菜单项出现光条,用左右移光标键←和→将光条移至要选用的菜单项上,然后按Enter键调出对应的子菜单,再用上下移光标键↑和↓在子菜单中选定需要的功能选项并按Enter键。此外,用户也可以直接使用Alt键和主菜单项目的首字母(在主菜单中用大写字母标出)组成的快捷键调出主菜单,然后用上述方法选用子菜单项目。

一些常用功能还可以通过使用功能键调用。例如,程序存盘功能既可以通过菜单调用,也可以通过按功能键F2调用。集成环境中的各种编辑调试功能对应的功能键(如果有)都可以在相应的菜单条目上查到,几个常用的功能键在屏幕最下方的提示行中也有提示。

2. 编辑源程序

通过选择主菜单中的Edit选项即可进入文件编辑状态,根据需要输入和修改源程序。对于集成环境的编辑命令,读者可以参阅Turbo C 2.0软件中自带的联机帮助(按功能键F1调用)。

3. 编译源程序

源文件编辑好后,可按F9键对源程序进行编译、连接,并在弹出的窗口上显示有无错误和有几个错误。按任一键后,弹出的窗口消失,屏幕中显示源程序,光标停留在出错处,调试信息显示区中显示有错误的行和错误的原因。按照此信息修改源程序,再按 F9 键进行编译,如此反复进行,直到不出现错误为止。

4. 执行程序

按 F10 键进入主菜单,选择主菜单上 Run 中的 Run 命令,如果程序需要输入数据,则应在此时输入数据,然后计算机自动继续运行程序,并输出结果。用户可以用主菜单上 Run 中的 User screen 子菜单项查看程序的运行结果(也可以按 Alt+F5 组合键直接转到用户屏幕窗口),查看完毕后按任一键即可返回到编辑状态。

5. 退出 Turbo C 2.0 集成开发环境

退出 Turbo C 2.0 集成开发环境有两种方法,一是按 Alt+X 组合键退出集成开发环境,如果要再次进入集成开发环境必须再次执行 TC.exe 文件。二是选择主菜单上 File 中的 Os Shell 子菜单项退出集成开发环境,此法虽然退回了 DOS 环境,但集成开发环境所占用的存储区并未释放。如果要返回集成开发环境,输入 exit 命令即可。

1.5.3 设置 Turbo C 2.0 系统运行环境

在 Turbo C 2.0 安装完成后,需要进行系统环境的设置,指出当前应用程序所在文件夹的路径以及系统库文件和头文件所在文件夹的路径,为后面源程序的编译和连接做好准备。如果 Turbo C 2.0 安装后所在的文件夹路径是 C:\windows\desktop\tc2.0\,需要完成的设置步骤如下。

(1) 按 F10 键进入主菜单。选择主菜单上 Options 中的 Directories 子菜单项(或者按 Alt+O 组合键,然后再按 D 键),选择路径设置。

(2) 首先修改系统头文件的路径。选择 Include directories 子菜单项并按 Enter 键将该路径改为 C:\windows\desktop\tc2.0\include,按 Enter 键。

(3) 然后修改系统库文件的路径。选择 Library directories 子菜单项并按 Enter 键将该路径改为 C:\windows\desktop\tc2.0\lib,按 Enter 键。

(4) 最后修改 Turbo C 2.0 安装后所在的文件夹路径。选择 Turbo C directories 子菜单项并按 Enter 键将该路径改为 C:\windows\desktop\tc2.0(如图 1.20 所示),按 Enter 键。

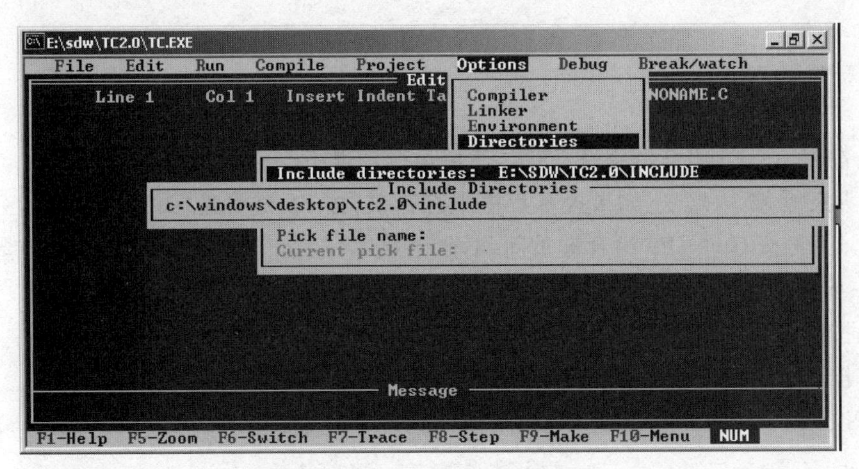

图 1.20 Turbo C 2.0 环境设置

(5) 按Esc键,返回上层菜单。选择主菜单上Options中的Save options子菜单项,如图1.21所示,保存设置。

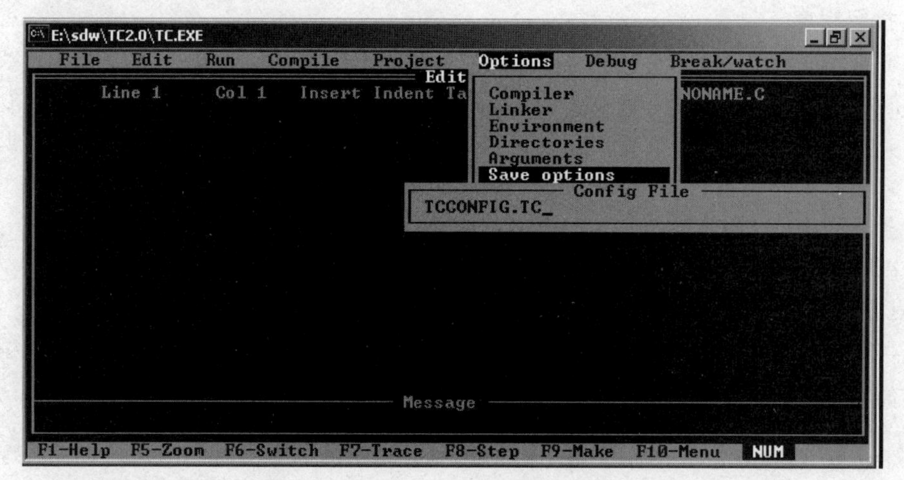

图1.21 Turbo C 2.0环境设置的保存

1.5.4 操作实例

编写程序求n!,其上机操作过程如下。

(1) 启动TC软件。

(2) 按F10键进入主菜单,选择主菜单上File中的New子菜单项(或者按Alt+F组合键,再按N键)新建一个文件(如果是初次进入TC,也可以直接进入第(3)步)。

(3) 输入源程序如下。

```
#include "stdio.h"
int main(void)
{  int i,n=1,k;
   scanf("%d",&k);
   for(i=1;i<=k;i++) n=n*i;
   printf("n=%d\n",n);
}
```

(4) 按Ctrl+F9组合键编译、连接,然后运行该程序。

(5) 从键盘输入4↙(如果提示程序中有错误,按F6键将光标切换到编辑区中,修改错误的语句,再按Ctrl+F9组合键重新编译、连接,之后运行该程序。如果没有错误,继续执行下一步)。

(6) 按Alt+F5组合键切换到用户屏幕窗口,查看运行结果。

(7) 按任意键返回TC编辑窗口,并按F2键存盘。

(8) 按Alt+X组合键退出TC(若想继续调试下一个新程序,需要执行步骤(2))。

1.6 在 VS.NET 集成环境下运行 C 语言程序

VS.NET(以 Microsoft Visual Studio 2015，VS2015 为例)集成环境继承了微软 VS 集成环境的一贯风格，也即各版本 VS 集成环境的基本操作与早期 VC++ 6.0 界面操作都是类似的。在 VS 集成环境里运行 C 语言程序可谓“驾轻就熟”，但有“杀鸡用牛刀”之感。

VS 版本与 VC 版本对应关系如表 1.2 所示。

表 1.2 VS 版本和 VC 版本对应关系

VS 版本	VC 版本
VS 6	VC++ 6
VS 2003	VC++ 7
VS 2005	VC++ 8
VS 2008	VC++ 9
VS 2010	VC++ 10
VS 2012	VC++ 11
VS 2013	VC++ 12
VS 2015	VC++ 14
VS 2017	VC++ 15

在使用之前要特别注意以下几点。

(1) VS2015 的 C 语言程序必须在 C++ 工程项目下才能运行，必须新建一个空项目，一般新建控制台应用程序工程。

(2) 然后在项目下新建一个“.cpp”或“.c”源程序文件，并输入或复制 C 语言程序，一般 C 语言程序要包含“#include "stdafx.h"”语句。

【二维码：VS 新建控制台项目演示视频】：VS 新建控制台项目 3.mp4

(3) C 语言程序还可以在命令行编译、连接与运行 C 语言程序文件，Windows 下参考方法是(需要安装某版本 Microsoft Visual Studio 及正确设置系统环境变量等)：启动 MS-DOS 命令行窗口(运行 cmd.exe)→cl 编译 C 语言程序(test.c→test.obj)→link 连接成可执行程序(test.obj→test.exe)→执行 test.exe 程序。操作演示如图 1.22 所示。

编译命令如：cl /c /TC /O1 /MD test.c

连接命令如：link test.obj

【二维码：命令运行 C 程序演示视频】：Windows 命令方式编译连接运行 C 程序.mp4

(4) 按 F5 键或 Ctrl+F5 组合键或菜单项编译(“生成”菜单栏中的“生成项目”菜单项等)，只要编译通过就已生成应用程序了，一般生成的可执行应用程序在“(你的项目文件夹)\Debug\XXX.exe”相应位置。

```
C:\WINDOWS\system32\cmd.exe
C:\Users\qxz>type test.c
#include <stdio.h>
#include <math.h>
int main() // 求100至200间的全部素数
{
        int m, i, k, n = 0;
        for (m = 101; m<200; m = m + 2)  //循环体即判断m是否为素数的程序段
        {
                k = sqrt(m);               //赋给k有取整的意思
                for (i = 2; i <= k; i++)
                        if (m%i == 0) break; //有一个能整除即退出内循环, 此时肯定i<=k的
                if (i >= k + 1)                  //是素数的条件
                {
                        printf("%4d ", m);
                        if (++n % 10 == 0)printf("\n"); // 10个一行输出
                }
        }
        printf("\n"); getch(); return 0;
}
C:\Users\qxz>cl /c /TC /O1 /MD test.c
Microsoft (R) 32-bit C/C++ Optimizing Compiler Version 12.00.8168 for 80x86
Copyright (C) Microsoft Corp 1984-1998. All rights reserved.

test.c

C:\Users\qxz>link test.obj
Microsoft (R) Incremental Linker Version 6.00.8168
Copyright (C) Microsoft Corp 1992-1998. All rights reserved.


C:\Users\qxz>test
 101  103  107  109  113  127  131  137  139  149
 151  157  163  167  173  179  181  191  193  197
 199

C:\Users\qxz>
```

图1.22　VS2015运行C语言的例子

（5）选择“调试”菜单栏中的“调试”菜单项，能交互式开展程序调试。调试程序前应预先在程序中设置若干断点（调试中的暂停点），方法是鼠标选定某行后，按F9键来设置或取消断点。设置好断点后，按F5键开始调试，程序运行到断点处会挂起，再按F5键继续调试运行到下一断点，如此，不断按F5键运行、挂起、运行、挂起、……，挂起时观察与分析界面左下“自动窗口”等窗口中的变量值，或在右下“即时窗口”等窗口中执行命令或求解表达式等，来分析程序的运行状况与执行逻辑等，以便于发现程序中的问题。

【二维码：VS调试视频】：VS_调试.mp4

把握以上几点后，基本能顺畅运行C语言程序了。因为Microsoft Visual Studio集成开发环境发展得很快，有的读者计算机里安装有较新Microsoft Visual Studio集成环境的不妨一试。VS2015运行C语言的界面如图1.23所示。

（6）关于SDL检查。

运行时，总是报错说fopen、fscanf、gets不安全，建议换成fopen_s、fscanf_s、gets_s，但是如果习惯于原来的旧函数，可以有如下解决方法：①只需在新建项目时取消勾选“SDL检查”即可；②若项目已建立好，在项目属性里关闭SDL也行。

（7）设置_CRT_SECURE_NO_WARNINGS来屏蔽警告信息。

可能因为原来的.c文件使用了strcpy、scanf等不安全的函数，而报警告和错误，甚至导致无法编译通过。此时有如下解决方法：①在指定的源文件的开头定义#define _CRT_SECURE_NO_WARNINGS，这样仅在该文件里有效；②在项目属性里设置，这会在整个项目里生效，依次选中目标项目，右键→“属性”→“配置属性”→C/C++ →“预处理器”→“预处

理器定义”→“编辑”,在最下面加上一行：_CRT_SECURE_NO_WARNINGS。

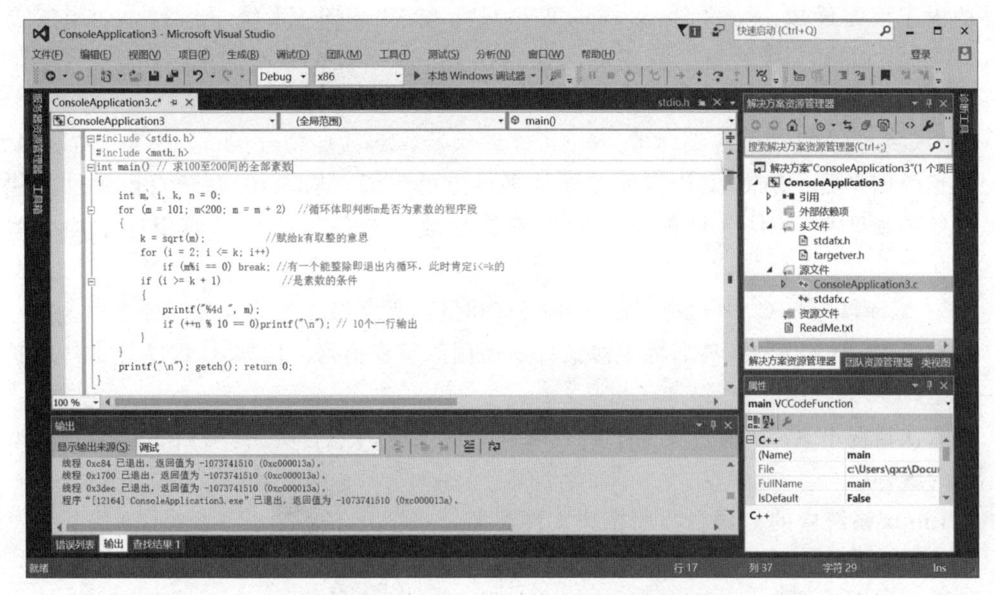

图 1.23　VS2015 运行 C 语言的例子

(8) 不使用预编译头文件 stdafx.h。

想要取消 VS 自动生成的#include“stdafx.h”,只要将选项改为“不使用预编译头”就行了。具体方法为：选中目标项目,右击→“属性”→C/C++ →“预编译头”,在右侧的选项中可以修改预编译头的相关设置(譬如：设置不使用预编译头)。

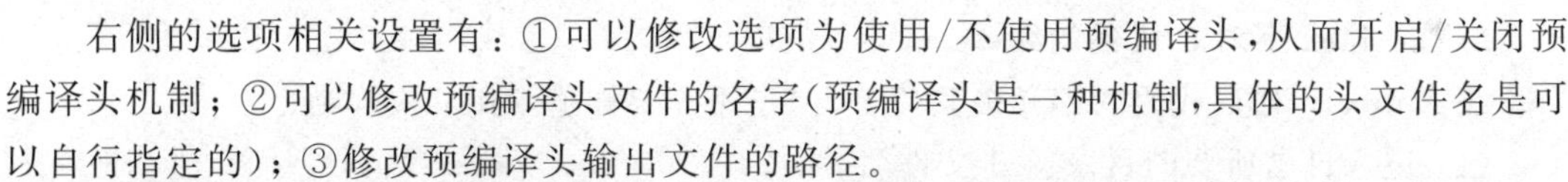

【二维码：设置不使用"stdafx.h"操作视频】：VS_不使用预编译头 2.mp4

右侧的选项相关设置有：①可以修改选项为使用/不使用预编译头,从而开启/关闭预编译头机制；②可以修改预编译头文件的名字(预编译头是一种机制,具体的头文件名是可以自行指定的)；③修改预编译头输出文件的路径。

实际上,每个单独的源文件中均存在关于预编译头的属性,用于指定不同的编译策略,可供使用者自行选择。特别的,源文件 stdafx.cpp 的预编译头属性栏应设置为创建(/Yc),这样设置表示预编译头是由该源文件生成,而被其他文件使用。

说明：什么是预编译头(Precompiled header,扩展名.pch)？所谓预编译头,就是把头文件事先编译成一种二进制的中间格式,供后续的编译过程使用。stdafx 的全称为 Standard Application Framework Extensions(标准应用程序框架的扩展)。

1.7　在 Linux 中运行一个 C 语言程序

所谓编译器,是将编写出的程序代码转换成计算机可以运行的程序的软件。在进行 C 程序开发时,编写出的代码是源程序的代码,是不能直接运行的,需要用编译器编译成可以运行的二进制程序。

在不同的操作系统下面有不同的编译器。C 程序是可以跨平台运行的,但并不是说在

Windows 系统下用 C 语言编写的程序可以直接在 Linux 下运行。在 Windows 下用 C 语言编写的程序被编译成.exe 文件，这样的程序只能在 Windows 系统下运行。如果需要在 Linux 系统下运行，需要将这个程序的源代码在 Linux 系统中重新编译。Linux 系统下面编译生成的程序也是不能在 Windows 系统上运行的。

Linux 系统下的 C 语言编译器——GCC 编译器(GNU C Compiler)是一个功能强大、性能优越的编译器。GCC 支持多种在硬件平台上的编译，是 Linux 系统自由软件的代表作品。各种硬件平台对 GCC 的支持使得其执行效率与一般的编译器相比平均效率高 20%～30%。

GCC 编译器能将 C、C++源程序、汇编语言和目标程序编译连接成可执行文件。

通常来说，源文件的扩展名标识源文件所使用的编程语言。例如，C 程序源文件的扩展名一般是".c"。

在默认情况下，GCC 通过文件扩展名来区分源文件的语言类型，然后根据语言类型进行不同的编译。

1. Linux 系统中的 C 语言程序相关文件类型

.c 为扩展名的文件：C 语言源代码文件。

.a 为扩展名的文件：由目标文件构成的库文件。

.C、.cc 或.cpp 为扩展名的文件：C++源代码文件。

.h 为扩展名的文件：程序所包含的头文件。

.i 为扩展名的文件：已经预处理的 C 源代码文件，一般为中间代码文件。

.ii 为扩展名的文件：已经预处理的 C++源代码文件，一般为中间代码文件。

.o 为扩展名的文件：编译后的目标文件。

.s 为扩展名的文件：汇编语言源代码文件。

.S 为扩展名的文件：经过预编译的汇编语言源代码文件。

2. 在 Linux 下对 C 代码的编译

在 Linux 下对 C 代码的编译极其简单，但是用户要知道常用的操作命令。

(1) 进入自己所要的目录：cd 文件名。

(2) 返回上级目录：cd ../..。

(3) 查看下面的子目录：ls 或者 ll。

(4) 建立新目录：mkdir [选项]目录名。

(5) 删除空目录：rmdir [选项]目录名(目录不为空可用"rm -r 目录名"删除)。

(6) 编译：gcc -o test test.c。

(7) 运行程序：./test。

3. C 程序编译命令的使用

(1) 进行预编译，使用-E 参数可以让 GCC 在预处理结束后停止编译过程。

```
gcc-E hello.c-o hello.i
```

预处理的宏定义插入 hello.i 中。

(2) 将 hello.i 编译为目标代码，可以通过使用-c 参数来完成：

```
gcc-c hello.i-o hello.o
```

也可以通过源文件直接生成：

```
gcc-c hello.c
```

（3）将生成的目标文件连接成可执行文件：

```
gcc hello.o-o hello
```

也可以通过源文件直接生成：

```
gcc-o hello hello.c
```

GCC在编译程序时可以有很多可选参数。在终端输入“gcc -help”命令，可以查看GCC的这些可选参数。

C语言库文件对Linux下的大多数函数都默认，头文件放到/usr/include/目录下，而库文件则放到/usr/lib/目录下。

4. GCC编译C程序举例

下面通过一个实例来讲解如何用GCC编译C程序。在编译程序之前，需要用Vi或Vim编写一个简单的C程序。在编译程序时，可以对GCC命令进行不同的设置。

（1）使用Vi等编辑工具编写源程序，保存为*.c。

登录后用Vi写一个C程序，命令如下。

```
vi HelloLinux.c 回车
```

进入后选择一种输入方式(a,i,o)。

输入程序如下。

```
#include <stdio.h>
int main(void)
{
    printf("Hello Linux!\n");
}
```

在用Vi输入程序时，修改、编辑代码很复杂，可以用应用程序中的“附件”的“文本编辑器”进行编辑。写完程序后按Esc键并保存退出(w：“保存”，q：“退出”)。

（2）使用GCC编译成二进制可执行文件。

```
gcc HelloLinux.c 回车
```

（3）执行可执行文件。

用ls查看就会看到一个HelloLinux.out或a.out文件(在默认情况下，GCC编译出的程序为当前目录下的文件a.out)，下面运行它。

```
./HelloLinux.out 或./a.out 回车
```

将会显示

```
Hello Linux!
```

（4）若运行程序还有问题，则可以使用GDB进行调试。

1.8 Code::Blocks C/C++ 集成开发平台

Code::Blocks 是一个开放源码的全功能的跨平台 C/C++ 集成开发环境。Code::Blocks 由纯粹的 C++ 语言开发完成，它使用了著名的图形界面库 wxWidgets(2.6.2 unicode)版。Code::Blocks 集成开发平台除某些安装时默认带 C/C++ 编译器外(GCC 和 G++)，可以配置它用 VC++ 编译器、GCC 编译器、Intel C++ 编译器等。

Code::Blocks 在非 Windows 上是比较流行的，原因是很多人是从 Windows＋IDE 开发环境转到 Linux，受不了传统的 Vim＋GCC 之类的纯文本开发环境，所以开始使用一系列 IDE。Code::Blocks 比较小巧，功能也不错，是很受欢迎的 IDE 之一。

1. 主要特点

Code::Blocks 在 1.0 发布时就成为跨越平台的 C/C++ IDE，支持 Windows 和 GNU/Linux。由于它开放源码的特点，Windows 用户可以不依赖于 VS.NET，编写跨平台 C++ 应用。

Code::Blocks 提供了许多工程模板，包括：控制台应用、DirectX 应用、动态链接库、FLTK 应用、GLFW 应用、Irrlicht 工程、OGRE 应用、OpenGL 应用、QT 应用、Win32 GUI 应用、wxWidgets 应用、wxSmith 工程等。另外，它还支持用户自定义工程模板。在 wxWidgets 应用中选择 UNICODE 支持中文。

Code::Blocks 支持语法彩色醒目显示，支持代码完成，支持工程管理、项目构建、调试。Code::Blocks 支持插件。Code::Blocks 具有灵活而强大的配置功能，除支持自身的工程文件、C/C++ 文件外，还支持 AngelScript、批处理、CSS 文件等众多文件。能识别 Dev-C++ 工程、MS VS 6.0-7.0 工程文件、工作空间、解决方案文件。Code::Blocks 基于 wxWidgets 开发，正体现了 wxWidgets 的强大。

说明：wxWidgets 是一系列 C++ 库，它遵循多平台 GUI 开发框架的设计规则。它有类似于 MFC 易于使用的 API。把它和特定的库连接并编译，可使开发的应用程序与目标平台的界面相似。wxWidgets 是一个非常完整的框架，它几乎为任何需求提供解决方案，并简化使用习惯。

2. 平台安装

1) Windows 平台安装

进入 Code::Blocks 官网(http://www.codeblocks.org/)，单击导航栏上的 Downloads，再单击 Download the binary release 进入下载界面，如图 1.24 所示，选择 Windows 平台的安装包即可。

下载后双击安装包即可安装。若需使用软件自带编译器，可选择末尾带“mingw-setup.exe”的安装包下载。若需设置编译器，打开 CodeBlocks，选择 Settings→Compiler and debugger settings→GNU GCC Compiler，并在 Toolchain executables 中设置好对应执行软件路径(若是希望使用 VC 编译器，类似地设置即可)。

2) Linux 平台(如 CentOS、Debian、Ubuntu 等)安装

(1) 编译安装(适用于所有 Linux 发行版)。

进入 Code::Blocks 官网，单击导航栏上的 Downloads，再单击 Download the source code 进入下载界面。选择文件后缀为".tar.xz"的压缩包下载后即可编译安装。

注意：安装前检查所需软件依赖是否安装到位。

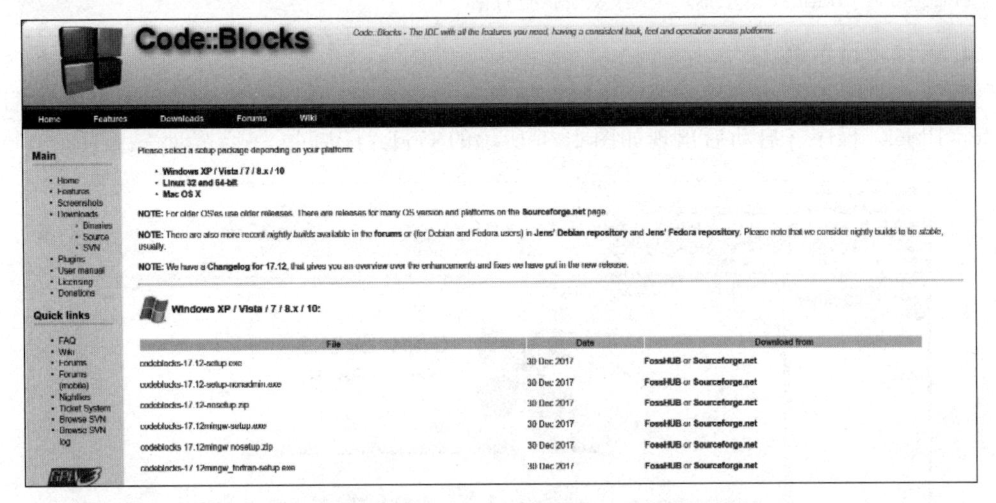

图 1.24　下载界面

(2) 软件包安装。

这里以 Debian GNU/Linux 为例说明安装过程，其他系统可以参考官网的 Wiki。

使用 Debian GNU/Linux 及其衍生版的用户可以直接使用以下命令下载并安装。

```
sudo apt-get install codeblocks
```

但是这种方法安装的通常不是最新版本(一般是 13.12)。

需要下载最新版本的需要到 Download the binary release 界面选择对应的压缩文件下载。解压后文件夹中会有很多.deb 包。除了"codeblocks_--version--_--architecture--.deb"是 Code::Blocks 主程序之外，其余都是软件依赖，需要按一定顺序安装，遇到压缩包中没有的依赖就需要去软件仓库找。所以请留意安装时输出的错误。安装好依赖后即可安装主程序。

3. 配置

软件界面改为中文，需要到网上下载一个 codeblocks.mo 文件，然后放入指定的路径中。

1) Windows 平台

需要找到软件安装文件夹下的 share 文件夹，进入 codeblocks 文件夹下新建一个新的文件夹 locale，进入 locale 文件夹，再新建一个文件夹并命名为 zh_CN。将 codeblocks.mo 文件放于此处。

启动软件后单击菜单栏：settings→environment，单击 environment，选择 view，再从右侧第一个下拉栏选择 Chinese (Simplified)后确认并重启软件即可。

2) Linux 平台

打开终端(按 Ctrl+Alt+T 组合键)，输入以下命令后重启软件即可。

```
cd /usr/share/codeblocks/    #进入软件安装目录
sudo mkdir locale            #新建一个文件夹并命名为 locale
cd locale                    #进入 locale 文件夹
sudo mkdir zh_CN             #新建一个文件夹并命名为 zh_CN
```

```
cd zh_CN                        #进入 zh_CN 文件夹
cp codeblocks.mo                #从目标文件夹复制文件(务必添加路径)
chmod 777 CodeBlocks.mo         #赋予执行权限
```

4. 新建项目示例

运行 Code::Blocks 程序，从“开始”→CodeBlocks 程序组→CodeBlocks 程序项启动 Code::Blocks 程序。启动后出现如图 1.25 所示的 Code::Blocks 平台界面。

图 1.25　Code::Blocks 平台界面

在平台界面上，选择菜单“文件”→“新建”，出现“新建项目”对话框，如图 1.26 所示。

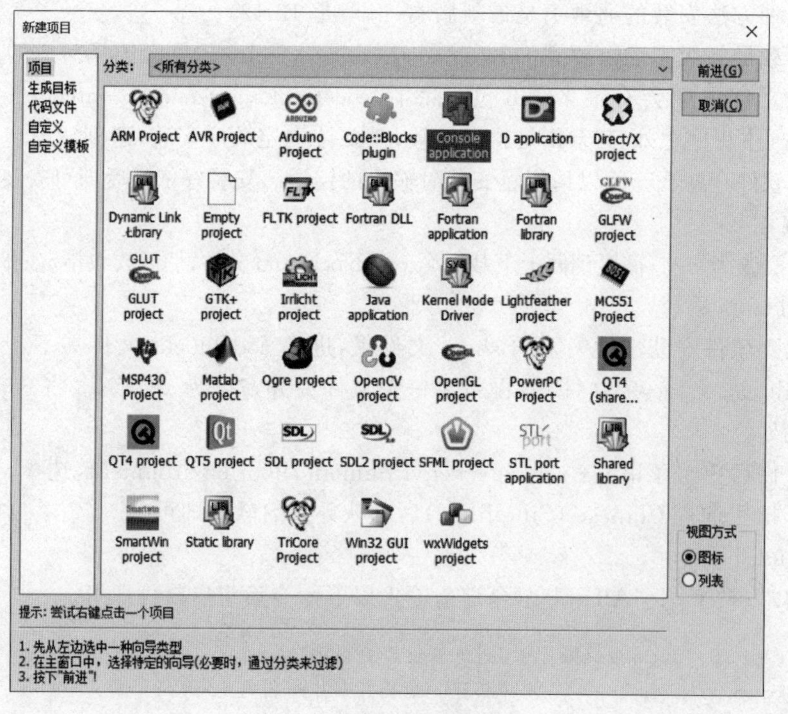

图 1.26　新建项目选择页面

其中，选择 Console application 控制台应用程序项目后(这里可以选择开发众多其他项目)，单击“前进”按钮，出现“欢迎页面”后单击“下一步”按钮出现“选择语言”页面，如图 1.27 所示。这里选 C 语言后，单击“下一步”按钮出现“项目标题与项目所处文件夹”指定页面，如图 1.28 所示。做出指定后，单击“下一步”按钮出现“编译器与编译器配置”指定页面，如图 1.29 所示。做出指定后，单击“下一步”按钮，做出选定后，单击“完成”按钮。

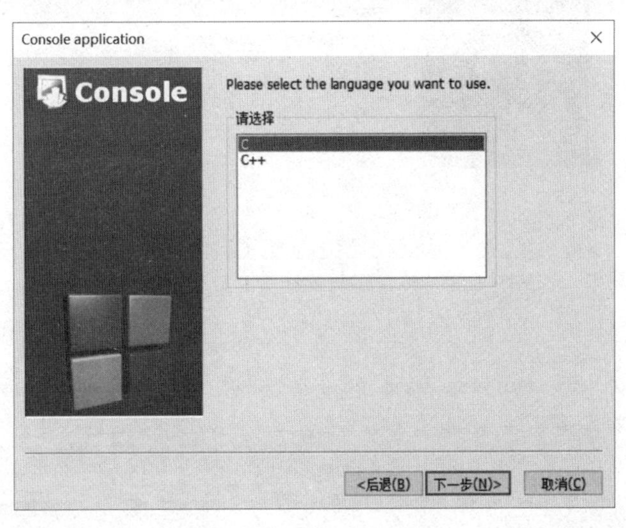

图 1.27　选择语言页面

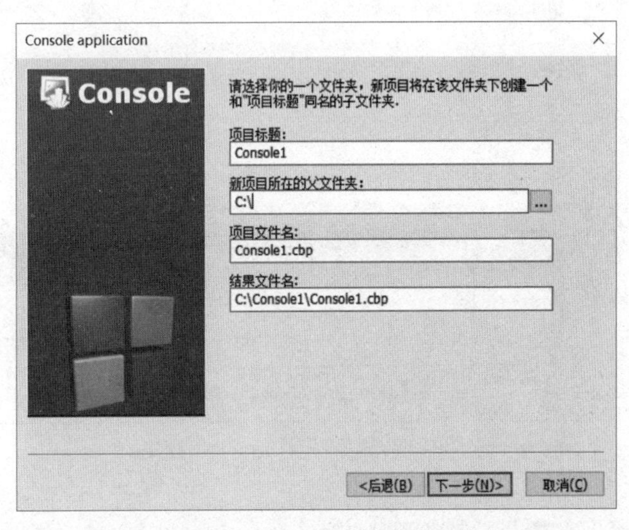

图 1.28　项目标题与项目所处文件夹指定页面

这样，系统自动给出了项目缺省的相关文件及显示“Hello world!”的简单 C 语言程序如图 1.30 所示。选择“生成”或“调试”菜单，就可以生成与运行程序(按 Ctrl+F9 组合键或 F9 键)或“启动/继续”(按 F8 键)的调试运行功能(需预先按 F5 键设置若干断点)，样例项目的运行结果如图 1.31 所示。

【二维码：CodeBlocks 新建项目操作示例视频】：codeblocks 新建项目 2.mp4

图 1.29　编译器与编译器配置指定页面

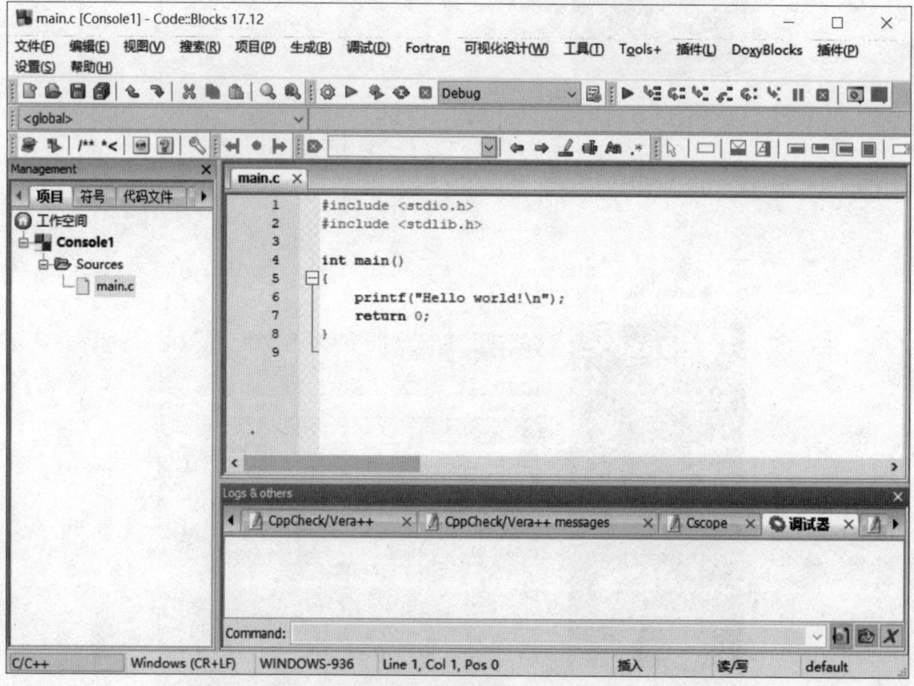

图 1.30　新建项目后的 main()程序

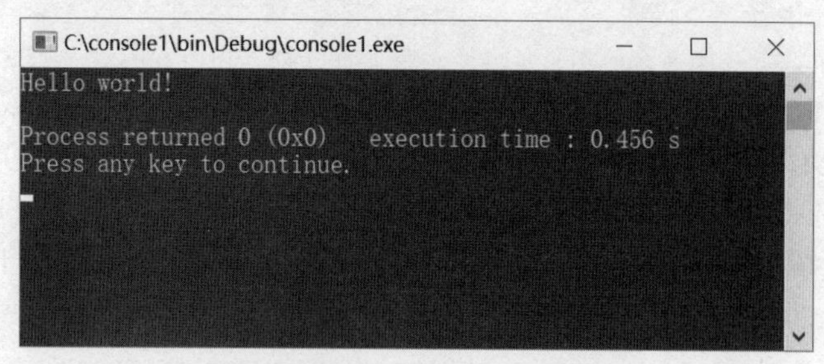

图 1.31　新建项目运行结果界面

1.9 C-Free C/C++ 集成开发平台

C-Free 是一款 C/C++ 集成开发环境(IDE),支持多种编译器,使用者可以轻松地编辑、编译、连接、运行、调试 C/C++ 程序。目前有两个版本,有注册要求的 C-Free 5.0 专业版和免费的 C-Free 4.0 标准版。

C-Free 中集成了 C/C++ 代码解析器,能够实时解析代码,并且在编写的过程中给出智能的提示。C-Free 提供了对目前业界主流 C/C++ 编译器的支持,可定制的快捷键、外部工具以及外部帮助文档,使程序员在编写代码时得心应手。完善的工程/工程组管理使程序员能够方便地管理自己的代码。最新的 C-Free 5.0 版本已经可以支持 C99 标准。

C-Free 的官网地址:http://www.programarts.com。

C-Free 下载地址:http://www.programarts.com/cfree_ch/download.htm。

C-Free 安装后,运行主界面,如图 1.32 所示。

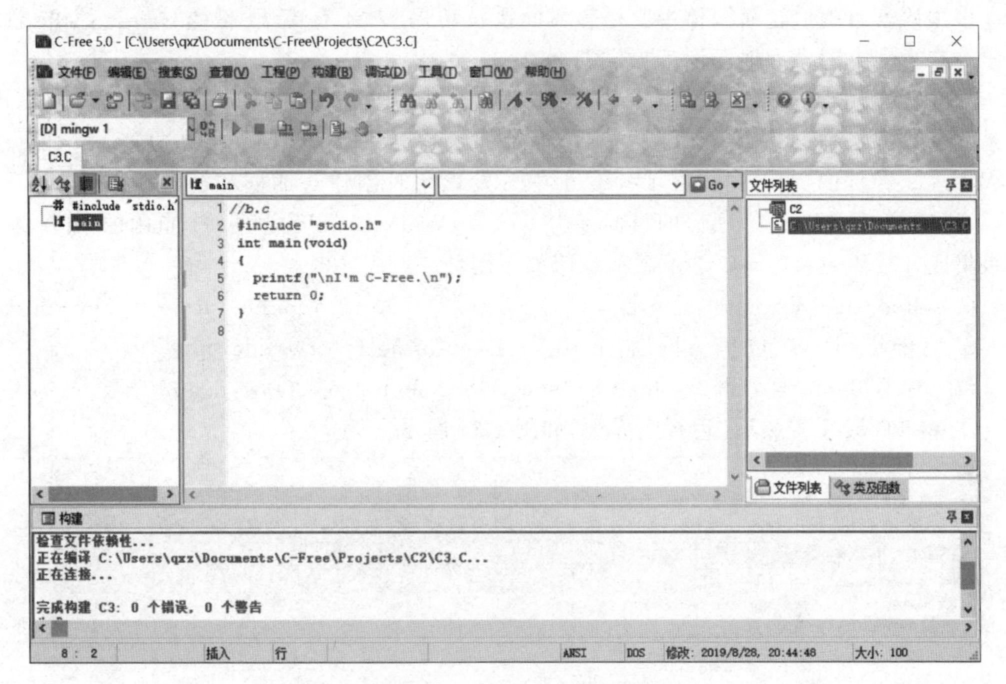

图 1.32 C-Free 主界面

按 F5 键运行后的结果界面,如图 1.33 所示。

图 1.33 C-Free 结果界面

【二维码：C-Free新建项目操作示例视频】：CFree新建控制台项目1.mp4

1.10 Dev-C++集成开发平台

Dev-C++是一个Windows环境下的C&C++开发工具，它是一款自由软件，遵守GPL协议。它集合了GCC、MinGW32等众多自由软件，并且可以取得最新版本的各种工具支持。Dev-C++是一个非常实用的编程软件，多款著名软件均由它编写而成，它在C的基础上，增强了逻辑性。Dev-C++包含多页面窗口、工程编辑器，在工程编辑器中集合了编辑器、编译器、连接程序和执行程序。它也提供高亮度语法显示，以减少编辑错误。

Dev-C++是一个Windows环境下的适合于初学者使用的轻量级C/C++集成开发环境(IDE)。它集合了MinGW中的GCC编译器、GDB调试器和AStyle格式整理器等众多自由软件。原开发公司Bloodshed在开发完4.9.9.2后停止开发，所以现在由Orwell公司继续更新开发，最新版本为5.11。Dev-C++遵循C++ 11标准，同时兼容C++ 98标准。

多国语言版中包含简繁体中文语言界面及技巧提示，还有英语、俄语、法语、德语、意大利语等二十多个国家和地区语言提供选择。

另外，除了由Orwell继续开发的Dev-C++之外，还出现了一个分支版本：wxDev-C++。它是由Colin Laplace等人维护的，主要特点是扩展了Dev-C++的功能，添加了对wxWidgets控件的支持，可以在Dev-C++中开发程序时创建对话框和框架等控件，用于开发可视化图形程序。这一项目的目标是为了给wxWidgets社区提供一个自由的、开源的商业级集成开发环境。Dev-C++下载请参照如下网址。

(1) Bloodshed Dev-C++最终版本网址：https://sourceforge.net/projects/dev-cpp/。

(2) Orwell Dev-C++官方网站：http://sf.net/projects/orwelldevcpp/。

(3) wxWidgets官方网站：https://sourceforge.net/projects/wxdsgn/。

Dev-C++ 5.11安装后，运行主界面，如图1.34所示。

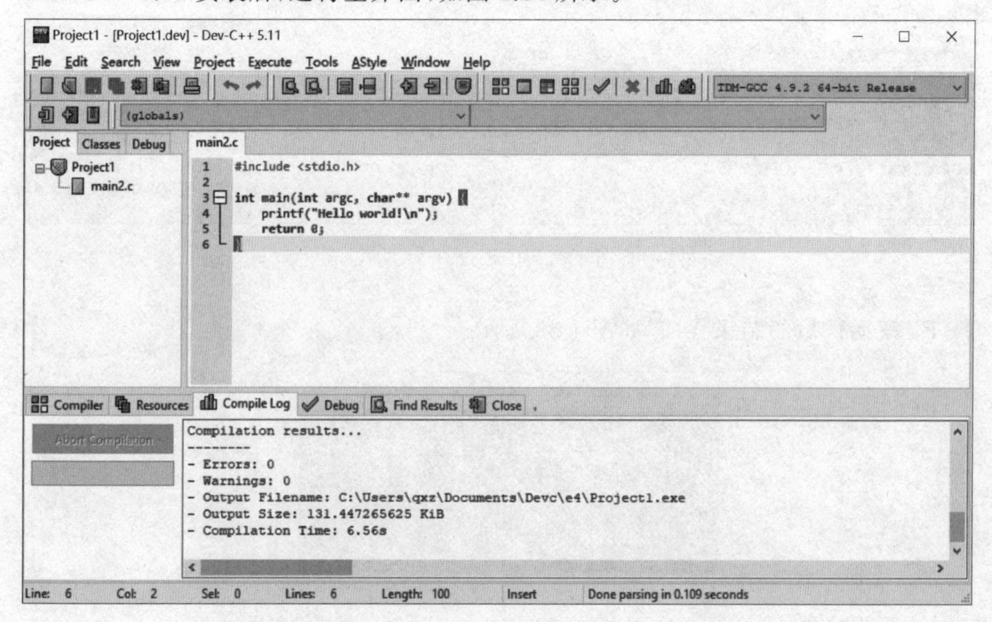

图1.34 Dev-C++ 5.11主界面

按 F10 键运行后的结果界面,如图 1.35 所示。

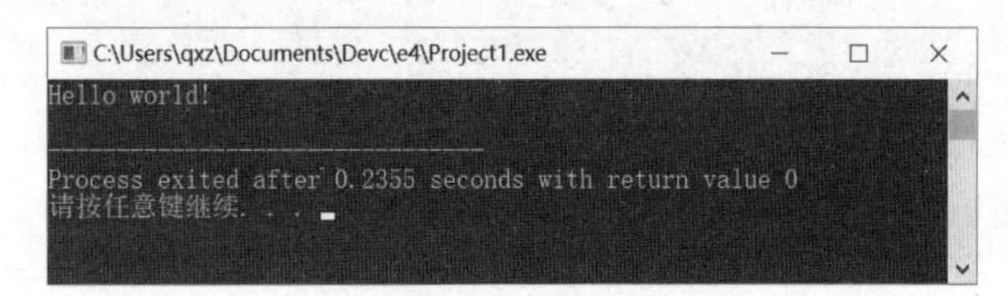

图 1.35 运行结果

【二维码:Dev-C++ 5.11 新建项目操作示例视频】:Dev-C++ 新建控制台项目 1.mp4

1.11 C 语言在线编译器

C 语言在线编译器可以在线直接完成编译和执行操作,有的支持包括 C、C++ 等多种语言,在线编译器在功能上虽然不能替代专业版的工具,但基本使用还是可以的,最主要的是在线编译非常便捷。下面是一些不错的在线编译器,是否适用请读者自己去体验。

(1) ideone 在线编译器: http://ideone.com,如图 1.36 所示。

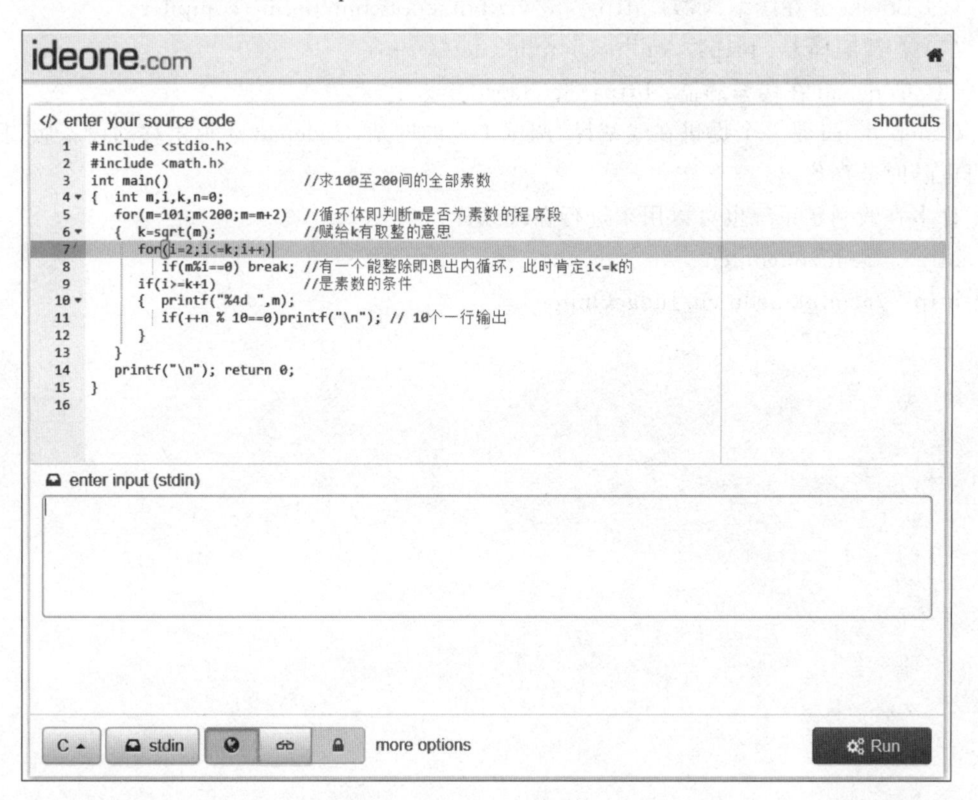

图 1.36 ideone 在线编译器

可以在线编译和调试 C/C++,Java,PHP,Python,Perl,以及其他四十多种编程语言。

(2) C 在线工具|菜鸟工具: https://c.runoob.com/compile/11,如图 1.37 所示。

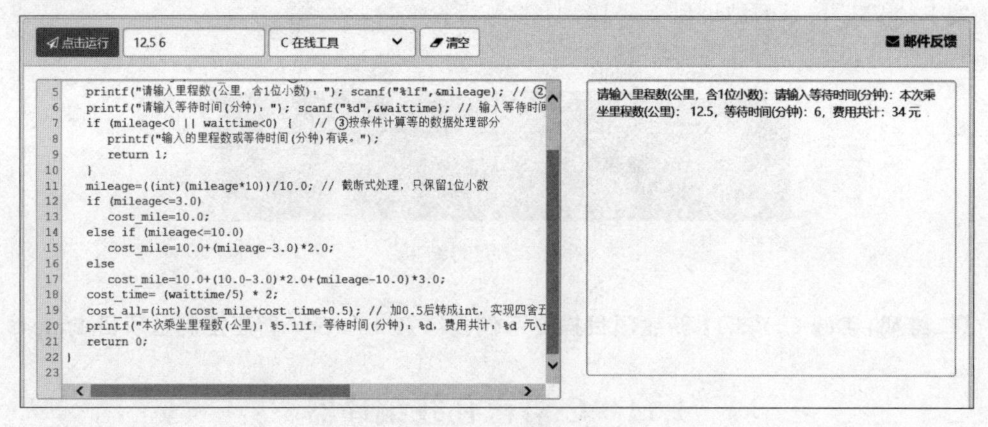

图 1.37　菜鸟工具运行界面

(3) C 语言代码测试：http://www.dooccn.com/c/。

(4) 赢锋 C/C++ 在线编译器：https://www.winfengtech.com/compile。

(5) 代码在线运行工具：https://code.y444.cn/mobile/gcc。

(6) Botskool 在线编译器：http://www.botskool.com/online-compiler。

(7) 在线编译器：http://onlinecompiler.net/。

(8) Codepad 在线编译器：http://codepad.org/。

Codepad.org 是一个提供在线编译/调试工具的网站，Codepad 还提供移动设备版，程序员可以随时分享代码。

许多在线判题系统也可以用来进行在线编译。

http://acm.zju.edu.cn/

http://acm.pku.edu.cn/JudgeOnline/

第2章　实验内容

实验1　初识运行环境VC++ 2010和运行过程

一、实验目的

(1) 了解C程序设计编程环境Visual C++ 2010(简写VC++ 2010)等，掌握运行一个C程序设计的基本步骤，包括编辑、编译、连接和运行。

(2) 了解C语言程序的基本组成，能够编写简单的C程序。

(3) 了解程序调试的思想，能找出并改正C程序中的语法错误。

(4) 介绍Code::Blocks、Dev-C++等C/C++集成开发平台(参考)。

二、实验内容

1. 在“我的电脑”某磁盘上新建一个文件夹

用于存放C程序，文件夹名字自定。

2. 运行实例

在屏幕上显示一个短句“Hello, World!”。源程序如下。

```
#include <stdio.h>
int main(void)
{
  printf("Hello, World!\n");
}
```

运行结果：

```
Hello, World!
```

基本步骤：

(1) 启动VC++ 2010。选择“开始”→“程序”→Microsoft Visual C++ 2010 Express→Microsoft Visual C++ 2010 Express进入VC++ 2010编程环境。

(2) 创建项目。

在VC++ 2010下开发程序首先要创建项目，不同类型的程序对应不同类型的项目，初学者应该从控制台程序学起。打开VC++ 2010，在上方菜单栏中选择“文件”→“新建”→“项目”命令。

选择“Win32控制台应用程序”，填写好项目名称，选择好存储路径，单击“确定”按钮即可。如果安装的是英文版的VC++ 2010，那么对应的项目类型是Win32 Console Application。另外还要注意，项目名称和存储路径最好不要包含中文。

新建Win32应用程序向导之设置页，请先取消“预编译头”，再勾选“空项目”，然后单击

"完成"按钮就创建了一个新的项目。

(3) 新建源程序文件(*.c或*.cpp)。

在空项目的"源文件"文件夹处右击鼠标,在弹出菜单中选择"添加"→"新建项"命令,在"代码"分类中选择C++文件(.cpp),填写文件名(**文件名的扩展名建议指定为".c"**,表示是C语言源程序,将来会用C语言编译器给予编译等),单击"添加"按钮就添加了一个新的源文件。

(4) 编辑和保存(注意:**源程序一定要在英文状态下输入,即字符标点都要在半角状态下,同时注意大小写,一般都用小写**)。

在编辑窗口中输入源程序,然后,按Ctrl+S组合键或单击工具栏上的"保存"按钮或执行"文件"→"保存"或"文件"→"另存为"菜单项操作。

(5) 编译(生成*.obj)。

直接按**Ctrl+F7组合键**,对当前源程序文件进行编译。

(6) 生成解决方案(即编译+连接,生成*.exe)。

选择"调试"→"生成解决方案"菜单项或**直接按F7键**(构建(即编译+连接)整个解决方案)。

(7) 运行。

选择"调试"→"启用调试"菜单项或按F5键直接启用调试运行;直接按Ctrl+F5组合键开始运行(不调试),运行时命令行窗口会停留显示结果,最后提示"请按任意键继续"。

(8) 关闭(项目)解决方案。

选择"文件"→"关闭解决方案"菜单项。

(9) 打开文件。

选择"文件"→"打开"菜单项。

(10) 查看C源文件、目标文件和可执行文件的存放位置。

一般源文件在项目目录下,目标文件和可执行文件在"项目目录\Debug"中。

3. 自己编写程序

编写程序在屏幕上显示一个短句"This is my first C program."。

4. 错误程序调试示范

在屏幕上显示一个短句"Welcome to you!"。带有错误的源程序如下。

```
#include <stdio.h>
void mian()
{
  printf(Welcome to you!\n")
}
```

操作步骤:

(1) 按照运行实例中介绍的步骤(1)~(4)输入上述源程序并保存。

(2) 编译,按Ctrl+F7组合键或按F5键启用调试运行,信息输出窗口中显示编译出错信息,如图2.1所示。

(3) 找出错误,在输出窗口中依次双击出错信息,编辑窗口就会出现一个箭头指向程序出错的位置,一般在箭头的当前行或上一行,可以找到出错语句。

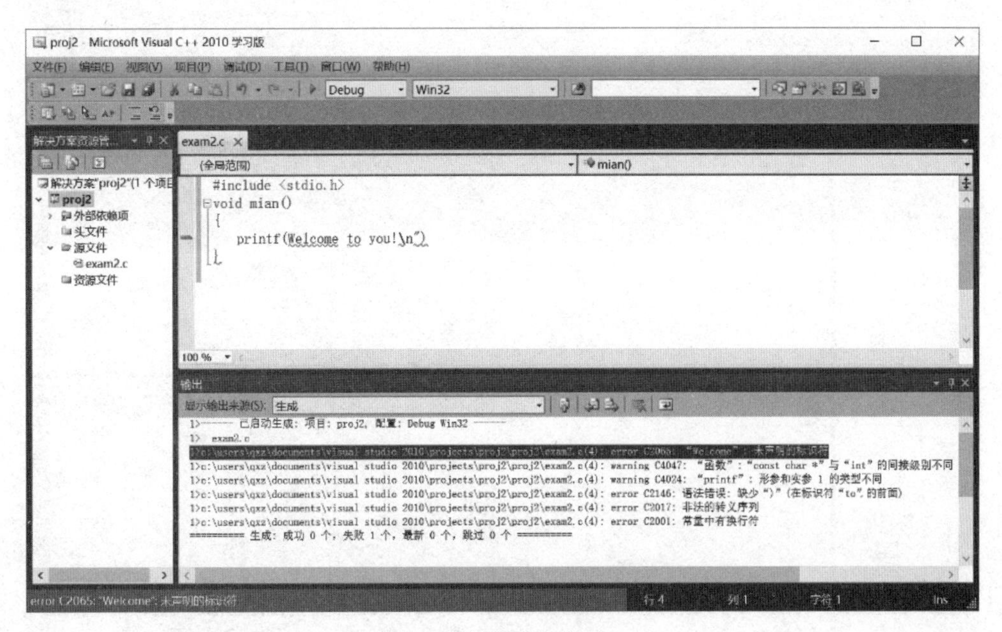

图 2.1 编译错误提示 1

第 4 行，出错信息：Welcome 是一个未定义的变量，但 Welcome 并不是变量，出错的原因是 Welcome 前少了一个双引号。

(4) 改正错误，重新编译，得到如图 2.2 所示出错信息。

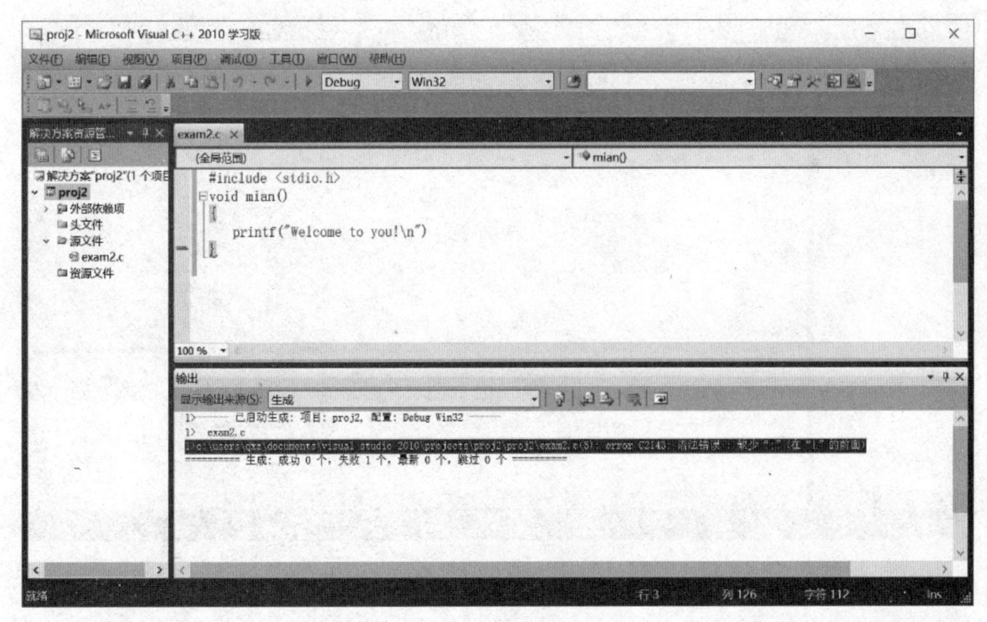

图 2.2 编译错误提示 2

出错信息："}"前少了分号(;)。

(5) 再次改正错误，在"}"前即 printf()后加上";"(英文状态)，重新编译(按 Ctrl+F7 组合键)，显示正确，如图 2.3 所示。

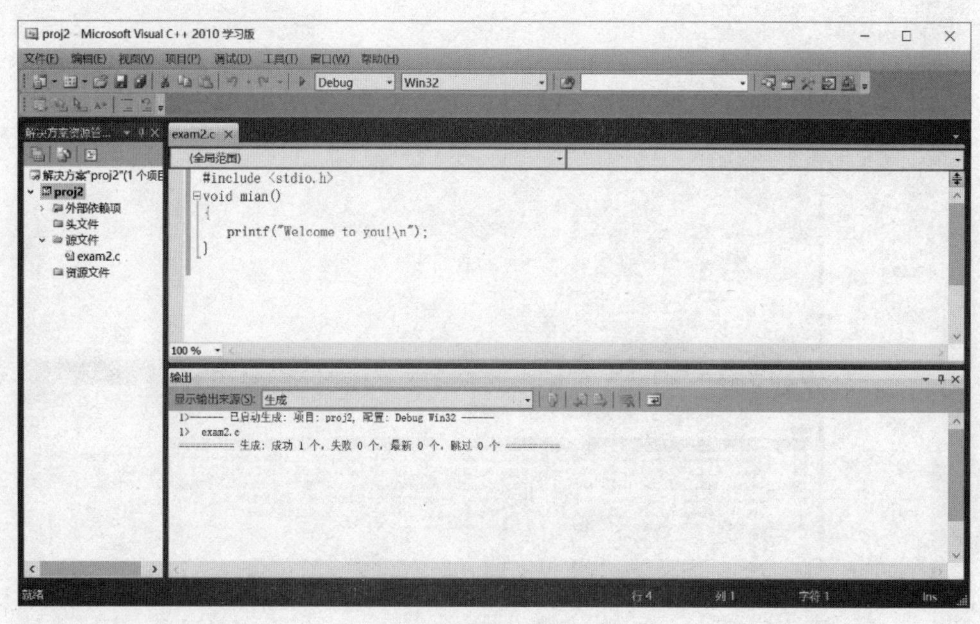

图 2.3　编译成功提示

(6) 连接,选择“调试”→“生成解决方案”菜单项或直接按 F7 键,出现如图 2.4 所示出错信息。

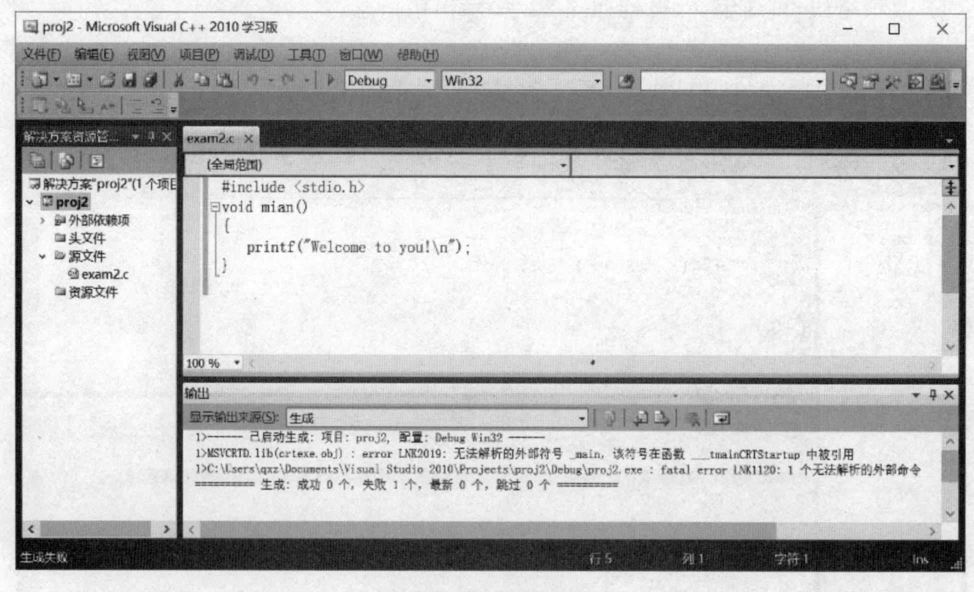

图 2.4　连接错误提示

出错提示信息:缺少主函数。

(7) 改正错误,即把“mian”改为“main”后,重新生成,输出窗口显示生成成功,如图 2.5 所示。

(8) 运行,按 Ctrl+F5 组合键,如图 2.6 所示。观察结果是否与要求一致。

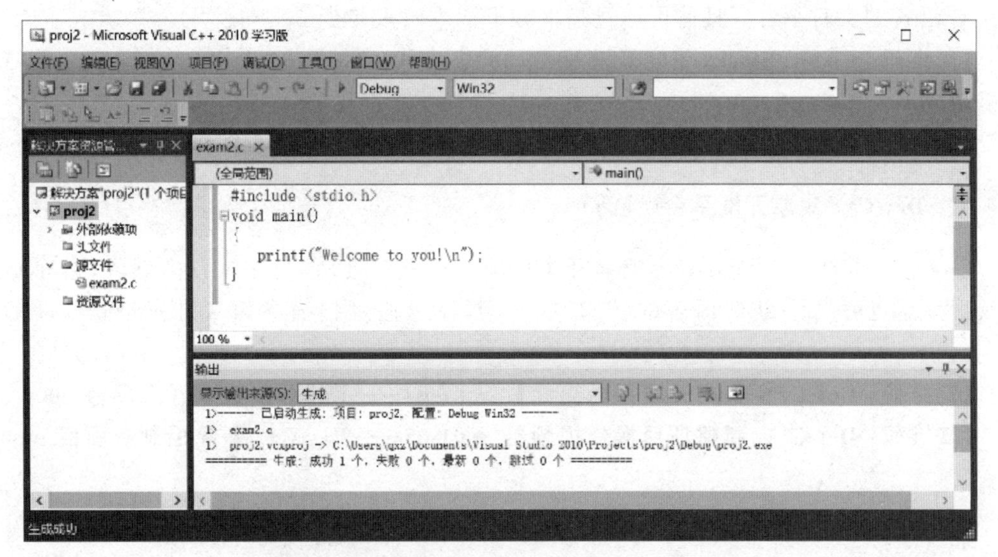

图 2.5　生成项目解决方案(即编译+连接)成功提示

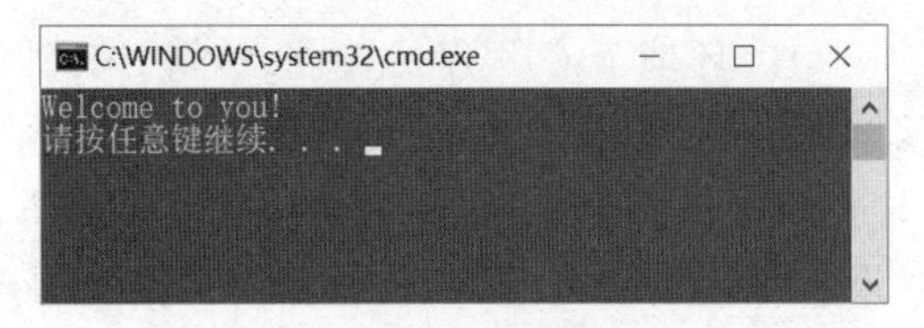

图 2.6　运行结果界面

【二维码：Visual C++ 2010 Express 的基本使用】：★02-02——VSC++ 2010 Express 的基本使用.docx

5. 自己改错

改正下列程序中的错误。

带有错误的源程序：

```
#include <stdio.h>
int main(void)
{
   Printf("****************\n");
   Printf("  Welcome")
   Printf("****************\n");
}
```

三、实验报告要求

将实验中的源程序、运行结果，以及实验中遇到的问题和解决问题的方法，以及实验过程中的心得体会，写在实验报告上。**后续实验报告要求相同。**

四、Code::Blocks C/C++ 集成开发平台(选阅)

Code::Blocks 是一个开放源码的全功能的跨平台 C/C++ 集成开发环境。按需也可以

作为C语言的实验平台。具体可通过扫描如下二维码来初步了解与使用。

【二维码：Code::Blocks集成开发平台简介】：★01-02——CodeBlocks C&C++集成开发平台.docx

【二维码：Code::Blocks新建项目操作视频】：★01-03——CodeBlocks新建项目.mp4

五、Dev-C++集成开发平台(选阅)

Dev-C++也是一个Windows环境下C&C++开发工具，它是一款自由软件，遵守GPL协议。按需也可以作为C语言的实验平台。具体可通过扫描下面二维码来初步了解与使用。

【二维码：Dev-C++ 集成开发平台简介】：★01-04——Dev-C++集成开发平台.docx

【二维码：Dev-C++ 新建项目操作视频】：★01-05——Dev-C++新建控制台项目.mp4

实验2　熟悉VC++ 2010环境及算法

一、实验目的

(1) 进一步掌握VC++ 2010环境下C程序的建立、编辑、编译和执行过程。

(2) 能够设计与表示解题的算法。

(3) 了解基本输入/输出函数scanf()、printf()的格式及使用方法。

(4) 掌握发现语法错误、逻辑错误的方法以及排除简单错误的操作技能。

二、实验内容

【二维码：Visual C++ 2010 Express的基本使用】：★02-02——VSC++ 2010 Express的基本使用.docx

1. 改错题

(1) 以下程序的功能是计算x－y的值，并将结果输出。纠正程序中存在的错误，以实现其功能。

```
#include <stdio.h>
int main(void)
{
    Int x=2;y=3;a                          /*变量定义*/
    A=x-y;                                 /*运算*/
    printf('a=%d",a);                      /*输出*/
    printf("\n");                          /*换行*/
    return 0;
}
```

(2) 以下程序的功能是从键盘输入两个数a和b，求它们的平方和，并在屏幕上输出。输入该C程序，编译并运行，记下屏幕的输出结果。

```
#include <stdio.h>
int main(void)
```

```
{
    Int a,b,sum;                          /* 变量定义 */
    printf("Please Input a,b\n");         /* 输出输入提示信息 */
    scanf("%d %d",&a,&b);                 /* 输入变量值 */
    sum=a * a+b * b;                      /* 运算 */
    printf("%d+%d=%d\n",a,b,sum);         /* 输出结果 */
    return 0;
}
```

(3) 以下程序的功能是求两个数中的较大数据并输出。纠正程序中存在的错误,以实现其功能。

```
#include <stdio.h>
int main(void)
{
    Int a,b,max;                          /* 变量定义 */
    Scanf("%d,%d",&a,&b);                 /* 输入变量值 */
    Max=a;                                /* 先把 a 作为较大数 */
    If(max<b) max=b;                      /* 通过比较判断较大数是否 b */
    Printf("max=%d",max);                 /* 输出较大数 */
    return 0;
}
```

2. 程序填空题

从键盘输入两个整数,输出这两个整数之积。根据注释信息填写程序,实现其功能。

```
#include <stdio.h>
int main(void)
{
    int a,b,m;
    printf("Input a,b please!");
    scanf("%d%d ",&a,&b);
    ________                              /* 赋值语句,将 a 和 b 之积赋给 m */
    ________                              /* 输出 a 和 b 积的结果值并换行 */
    return 0;
}
```

3. 设计与表示算法

(1) 判断一个数 n 能否同时被 3 和 5 整除(能用多种方式表示算法)。

(2) 对配套教材第 2 章中例 2-2～例 2-14 的算法用多种方式表示。

4. 编程题

(1) 编写程序,运行后输出信息“How are you!”。

(2) 编写程序,从键盘输入 3 个整数,输出它们的立方和。

实验 3　数据类型及其运算

一、实验目的

(1) 理解 C 语言中各种数据类型的含义,掌握各种数据类型的定义方法。

(2) 掌握C程序中常量、变量的定义与使用。

(3) 掌握C语言中数据类型和运算符的基本使用。

二、实验内容

1. 程序运行

对配套教材第3章中的例3-1～例3-33选择性地输入、运行。

2. 改错题

(1) 以下程序的功能是已知圆锥半径r和高h,计算圆锥体积V。纠正程序中存在的错误,以实现其功能。计算圆锥体积的公式为 $V=1/3\pi r^2 h$。

```
#include stdio.h
int main(void)
{   float r=10,h=5;
    V=1/3*3.14159*r^2*h;
    printf("v=%d\n",V);
}
```

(2) 以下程序的功能是通过键盘输入两个整数,分别存放在变量x、y中,不借用第3个变量实现变量x、y互换值。纠正程序中存在的错误,以实现其功能。

```
#include <stdio.h>
int main(void)
{    int x,y;
     printf("请输入两个整数\n");
     scanf("%d%d",x,y);
     printf("互换前的 x:%d y:%d\n");
     x=x+y
     y=x-y;
     x=x-y;
     printf("互换后的 x:%d y:%d/n",x,y);
}
```

3. 程序填空题

(1) 以下程序的功能是从键盘输入3个整数,分别存入变量i1、i2、i3中,然后将变量i1的值存入变量i2,将变量i2的值存入变量i3,将变量i3的值存入变量i1,输出经过转存后变量i1、i2、i3的值。补充完善程序,以实现其功能(提示:使用中间变量)。

```
#include <stdio.h>
int main(void)
{   int i1,i2,i3,_______;
    printf("Please input i1,i2,i3: ");
    scanf("%d%d%d",_______);
    _______;                                        /*注意赋值顺序*/
    _______;
    _______;
```

```
    ________;
    printf("i1=%d\ni2=%d\ni3=%d\n",i1,i2,i3);
}
```

(2) 计算当 x=8 时，公式 $y=(1+x^2)/(x^2+4x^{1/2}+10)$ 的值。补充完善程序，以实现其功能。

```
#include <stdio.h>                      //使用数学函数需包含 math.h 头文件
________
int main(void)
{
    float x=8.0,y;
    ________
    printf("%f",y);
}
```

4. 编程题

(1) 定义 3 个字符变量并分别赋给 3 个不同的大写英文字母，把它们转换成小写字母后输出。

(2) 定义 3 个整形变量并给它们赋值，输出它们的平均值与积。

实验 4　顺序结构程序设计

一、实验目的

(1) 掌握 scanf()、printf()以及其他常用输入/输出函数的使用。

(2) 掌握格式控制符的基本使用。

(3) 掌握顺序结构程序设计的方法。

二、实验内容

1. 程序运行

对配套教材第 4 章中的例题选择性地输入、运行，领会顺序结构程序的编写规律，掌握格式输入/输出函数的使用方法。例题如例 4-6、例 4-9、例 4-15～例 4-25 等。

2. 改错题

(1) 以下程序的功能是按公式 $x=\frac{2ab}{(a+b)^2}$ 计算并输出 x 的值。其中，a 和 b 的值由键盘输入。纠正程序中存在的错误，以实现其功能。

```
#include <stdio.h>
int main(void)
{   int a,b; float x;
    scanf("%d,%d",a,b);
    x=2ab/(a+b)(a+b);
    printf("x=%d\n",x);
}
```

(2) 以下程序的功能是输入一个华氏温度,要求输出摄氏温度。其公式为C=5/9(F−32),输出取两位小数。纠正程序中存在的错误,以实现其功能。

```
#include stdio.h
int main(void)
{   float c,f;
    printf("请输入一个华氏温度:\n");
    scanf("%f",f);
    c=(5/9)*(F-32);
    printf("摄氏温度为:%5.2f\n"c);
}
```

(3) 以下程序的功能是从键盘输入一个小写字母,要求改用大写字母输出。纠正程序中存在的错误,以实现其功能。

```
#include <stdio.h>
int main(void)
{
    char c1,c2;
    c1=getchar;                          /*从键盘输入一个小写字母*/
    printf("%c,%d\n",c1,c1);             /*输出该小写字母及其ASCII码值*/
    c2=c1+26;                            /*转换为大写字母*/
    printf("%c,%d\n",c2,c2);             /*输出该大写字母及其ASCII码值*/
}
```

3. 程序填空题

(1) 以下程序的功能是设圆半径 r=1.5,圆柱高 h=3,求圆周长、圆面积、圆球表面积、圆球体积、圆柱体积。用scanf函数输入数据r、h,输出计算结果,保留小数点后两位(圆周长 $ly=2\pi r$,圆面积 $sy=\pi r^2$,圆球表面积 $sq=4\pi r^2$,圆球体积 $vq=4/3\pi r^3$,圆柱体积 $vz=\pi hr^2$)。补充完善程序,以实现其功能。

```
#include <stdio.h>
int main(void)
{   float pi=3.1415926,h,r,ly,sy,sq,vq,vz;
    printf("请输入圆半径 r,圆柱高 h:\n");
    ________;
    ly=________;  sy=________; sq=________;
    vq=________;  vz=________;
    printf("圆周长为:________); printf("圆面积为:________);
    printf("圆球表面积为:________); printf("圆球体积为:________);
    printf("圆柱体积为:________);
}
```

(2) 以下程序的功能是按给定格式输入数据,按要求的格式输出结果。补充完善程序,以实现其功能。

输入形式:enter x,y:2 3.4

输出形式：x+y=5.4

```
#include <stdio.h>
int main(void)
{
    int x; float y;
    printf("enter x,y: ");
    ________
    ________
}
```

(3) 以下程序的功能是通过键盘输入两个整数，分别存入变量 x、y 中，当 x<y 时，通过中间变量 t 互换 x、y 的值，并输出。补充完善程序，以实现其功能。

```
#include <stdio.h>
int main(void)
{
    int x,y,________;
    printf("请输入 x,y:\n ");
    ________;
    if (x<y)                                  /* 如果 x<y */
    {t=________;________;y=t;}                /* x 与 y 交换 */
    printf("交换后的 x=%d,y=%d\n ",x,y);
}
```

4. 编程题

(1) 编写一个程序，实现从键盘输入 3 个字符，然后在屏幕上分 3 行输出这 3 个字符。

(2) 编写一个程序，实现输入一元二次方程 $ax^2+bx+c=0$ 的系数 a、b、c 后求方程的根。要求运行该程序时，输入 a、b、c 的值，分别使 b^2-4ac 的值大于、等于、小于 0，观察并分析运行结果。求根公式如下。

$$x=\frac{-b\pm\sqrt{b^2-4ac}}{2a}$$

实验 5　选择结构程序设计

一、实验目的

(1) 掌握关系运算符和关系表达式的使用方法。

(2) 掌握逻辑运算符和逻辑表达式的使用方法。

(3) 掌握 if 语句、switch 语句、条件运算符(?:)的使用方法。

(4) 掌握选择结构程序的设计技巧。

二、实验内容

1. 程序运行

对配套教材第 5 章中的例题(例 5-1～例 5-20)选择性地输入、运行，领会选择结构程序的编写规律,掌握if语句、switch语句等的使用方法。

2. 改错题

(1) 以下程序的功能是输入3个整数后,输出其中的最大值。纠正程序中存在的错误,以实现其功能。

```
#include <stdio.h>
int main(void)
{   int a,b,c,max;
    printf("请输入3个整数:"); scanf("%d%d%d",&a,&b,&c);
    max=a;
    if (c>b)
    {   if (b>a) max=c;
        else {if (c>a) max=b;}
    printf("3个数中最大者为:%d\n",max);
}
```

(2) 以下程序的功能是输入一个英文字母,如果它是小写字母,则首先将其转换成大写字母,再输出大写的该字母的前序字母、该字母本身及其后序字母。例如输入g,则输出FGH;输入a,则输出ZAB;输入M,则输出LMN;输入Z,则输出YZA。纠正程序中存在的错误,以实现其功能。

```
#include stdio.h
int main(void)
{   char ch,c1,c2;
    printf("Enter a character:");
    ch=getchar();
    if ((ch>='a') || (ch<='z')) ch-=32;
    c1=ch-1;
    c2=ch+1;
    if (ch='A') c1=ch+25;
    else if (ch='Z') c2=ch-25;
    putchar(c1);
    putchar(ch);
    putchar(c2);
    putchar('\n');
}
```

(3) 以下程序的功能是输入1～12的月份数,输出该月份对应的英语表示法。例如输入“3”,则输出“Mar”。纠正程序中存在的错误,以实现其功能。

```
#include <stdio.h>
int main(void)
{   char m;
    printtf("input the month number:\n");
    scanf("%c",&m);
    switch(m)
```

```
    {   case 1:printf("Jan");
        case 2:printf("Feb");
        case 3:printf("Mar");
        case 4:printf("Apr");
        case 5:printf("May");
        case 6:printf("Jun");
        case 7:printf("Jul");
        case 8:printf("Aug");
        case 9:printf("Sep");
        case 10:printf("Oct");
        case 11:printf("Nov");
        case 12:printf("Dec");
    }
}
```

3. 程序填空题

(1) 以下程序的功能是实现加、减、乘、除四则运算。补充完善程序,以实现其功能。

```
#include <stdio.h>
int main(void)
{   int a,b,d; char ch;
    printf("Please input a expression:");
    scanf("%d%c%d",________);                        /*输入数学表达式*/
    switch(ch)
    {   case '+': d=a+b; printf("%d+%d=%d\n",a,b,d); break;
        case '-': d=a-b; printf("%d-%d=%d\n",a,b,d); ________
        case '*': ________; printf("%d*%d=%d\n",a,b,d); break;
        case '/':
            if (________) printf("Divisor is zero\n");
            else printf("%d/%d=%f\n",a,b,(________)a/b);     /*强制类型转换*/
            break;
        default: printf("Input Operator error!\n");
    }
}
```

(2) 以下程序的功能是判断从键盘上输入的一个字符,并按下列要求输出。

若该字符是数字,输出字符串“0～9”。

若该字符是大写字母,输出字符串“A～Z”。

若该字符是小写字母,输出字符串“a～z”。

若该字符是其他字母,输出字符串“!,@,…”。

补充完善程序,以实现其功能。

```
#include <stdio.h>
int main(void)
{
    char c;
```

```
    scanf(________);
    if (c>='0' && c<='9'
    ________
    else if (________)
        printf("A-Z\n");
    ________(c>='a' && c<='z')
            printf("a-z\n");
    ________
          printf("!,@,…\n");
}
```

(3) 以下程序的功能是猜价格,用户输入自己估计的价格,程序判断其正确性。补充完善程序,以实现其功能。

```
#include <stdio.h>
int main(void)
{
    float a,b;
    printf("请主持人输入时尚手机的实际价格\n ");
    scanf("%f",&b);
    printf("\n\n请观众猜时尚手机的价格\n ");
    scanf("%f",&a);
    if(________) printf("低了\n");
    if(________) printf("猜对了!\n");
    if(________) printf("高了\n");
}
```

4. 编程题

(1) 从键盘上输入3个整数,输出这3个整数的和、平均值(保留两位小数)、积、最小值以及最大值。

(2) 有一分段函数如下,要求用scanf函数输入x的值,求y值并在屏幕上输出。

$$y=\begin{cases}1-x^3 & x<5\\ x-1 & 5\leqslant x<15\\ 2x^2-1 & x\geqslant 15\end{cases}$$

(3) 从键盘上输入一个0～6的数字,输出相应星期几的英文单词,其中,数字0对应Sunday,数字1～6对应Monday～Saturday,如果输入的不是0～6的数字,则显示错误信息。

实验6　循环结构程序设计

一、实验目的

(1) 掌握循环结构程序设计的3种控制语句——while语句、do…while语句、for语句的使用方法。

(2) 了解用循环的方法实现常用的算法设计。

二、实验内容

1. 程序运行

对配套教材第 6 章中的例题(例 6-1～例 6-30)选择性地输入、运行,领会循环结构程序的编写规律,掌握 while 语句、do…while 语句、for 语句的使用方法。

2. 改错题

(1) 下面程序的功能是计算 n!。纠正程序中存在的错误,以实现其功能。

```
#include <stdio.h>
int main(void)
{   int i,n,s;
    printf("Please enter n:");
    scanf("%d",&n);
    for(i=1;i<=n;i++)
        s=s*i;                          //随着 n 的增大,观察 s 值的变化以查找问题
    printf("%d!=%d\n",n,s);
}
```

(2) 下面程序计算 1+1/2+1/3+…+1/n 的值。纠正程序中存在的错误,以实现其功能。

```
#include <stdio.h>
int main(void)
{   int t,s,i,n;
    scanf("%d",&n);
    for(i=1;i<=n;i++)
    t=1/i;
    s=s+t;                              //观察 s、t 的值的变化以查找问题
    printf("s=%f\n",s);
}
```

(3) 以下程序的功能是倒序打印 26 个英文字母。纠正程序中存在的错误,以实现其功能。

```
#include <stdio.h>
int main(void)
{   char ch; ch='z';
    while (ch!='a')
    {   printf("%3d",ch);
        ch++;
    }
}
```

(4) 以下程序的功能是输入一个大写字母,打印出一个菱形,该菱形的中间一行由此字母组成,其相邻的上、下两行由它前面的一个字母组成,按此规律,直到字母 A 出现在第一

行和最末行为止。纠正程序中存在的错误,以实现其功能。

例如,输入字母D,打印出以下图形。

```
      A
     BBB
    CCCCC
   DDDDDDD
    CCCCC
     BBB
      A
```

```
#include <stdio.h>
int main(void)
{   int i,j,k; char ch;
    scanf("%c",&ch);
    k=ch-'A'+1;
    for(i=1;i<=k;i++)
    {
        for (j=20;j>=i;j--) printf("%c",' ');
        for(j=1;j<=i-1;j++) printf("%c",'A'+i-1);
        printf("\n");
    }
    k=ch-'A';
    for(i=k;i>=1;i--)
    {
        for (j=20;j>=i;j--) printf("%c",' ');
        for(j=1;j<=2*i-1;j++) printf("%c",'A'+i-1);
        printf("\n");
    }
}
```

3. 程序填空题

(1) 编程求1!+3!+5!+7!+…+19!的值。

```
#include <stdio.h>
int main(void)
{
    float sum=0.0, j=________;
    int i;
    for(i=1;i<20;i++)
    {
        j*=i;
        if(i%2==0)________;
        sum+=________;
    }
    printf("sum=%e\n",sum);
}
```

(2) 假设有1020个西瓜,第一天卖了一半多两个,以后每天卖剩的一半多两个,求几天后能卖完。补充完善程序,以实现其功能。

```
#include <stdio.h>
int main(void)
{   int day,x1,x2;
    day=0;
    x1=1020;
    while (_______)
    {
        x2=_______;
        x1=x2;
        day++;
    }
    printf("day=%d\n",day);
}
```

(3) 检查输入的算术表达式中的圆括号是否配对,并显示相应的判断结果。

分析:圆括号配对是指左括号必须先于右括号出现,左括号数必须等于右括号数。

```
#include <stdio.h>
int main(void)
{   int left,right;char c;
    printf("输入一个算术表达式\n");
    left=0;right=0;                    //left 和 right 分别代表统计的左、右括号数
    for(c=0;(c=getchar())!='\n';){
        if(_______) left++;
        if(_______) right++;
        if(_______) break;
    }
    if (_______) printf("圆括号配对正确\n");
    else printf("圆括号配对不正确\n");
}
```

(4) 用辗转相除法求两个正整数的最大公约数和最小公倍数。补充完善程序,以实现其功能。

用辗转相除法求两个正整数的最大公约数的算法如下:①将两个数中大的那个数放在m中,小的放在n中;②求出m被n除后的余数r;③若余数为0则执行步骤⑦,否则执行步骤④;④把除数作为新的被除数,把余数作为新的除数;⑤求出新的余数r;⑥重复步骤③～⑤;⑦输出n,n即为最大公约数。

```
#include <stdio.h>
int main(void)
{
    int r,m,n,k,_______;
    scanf("%d%d",&m,&n);
```

```
    if (m<n)
    {________}                                    /* 借助变量t,交换两数 */
    k=m*n;
    r=m%n;
    while (r)
    {
        m=n;
        n=r;
        r=________;
    }
    printf("%d%d\n",________,________);    /* 输出最大公约数和最小公倍数 */
}
```

(5) 以下程序的功能是输出100以内能被3整除且个位数为6的所有整数。补充完善程序,以实现其功能。

```
#include <stdio.h>
int main(void)
{
    int i,j;
    for (i=0;________;i++)
    {
        j=i*10+6;
        if (________)
            continue;
        printf("%d",j);
    }
}
```

4. 编程题

(1) 计算1～100所有含8的数之和。

(2) 编写程序,利用以下近似公式计算e的值,误差应小于10^{-5}。

$$e=1+1/1!\ +1/2!\ +1/3!\ +\cdots+1/n!$$

(3) 某学校有近千名学生,在操场上排队,若5人一行余2人,7人一行余3人,3人一行余1人。编写程序,求该校的学生总人数。

(4) 从键盘输入n个学生的学号和每人m门课程的成绩,计算每个学生的总分及平均分,输出内容包括每个学生的学号、总分和平均分。

实验7　数组及其应用

一、实验目的

(1) 掌握一维数组和二维数组的定义、赋值和输入/输出方法。

(2) 掌握字符数组和字符串数组的使用。

(3) 掌握与数组有关的算法。

二、实验内容

1. 程序运行

对配套教材第7章中的例题(例7-1～例7-32)选择性地输入、运行,领会使用数组编写程序的方法,掌握与数组相关的一些基本算法。

2. 改错题

(1) 以下程序的功能是输入12个整数,按每行3个数输出这些整数,最后输出12个整数的平均值。纠正程序中存在的错误,以实现其功能。

```
int main(void)
{   int a[12],av,i,n;
    for(i=0;i<n;i++) scanf("%d",a[i]);
    for(i=0;i<n;i++)
    {   printf("%d",a[i]);
        if (i%3==0) printf("\n");
    }
    for(i=0;i!=n;i++) av+=a[i];
    printf("av=%f\n",av);
}
```

(2) 以下程序的功能是为指定的数组输入10个数据,并求这些数据之和。纠正程序中存在的错误,以实现其功能。

```
#include <stdio.h>
int main(void)
{   int n=10,i,sum=0;
    int a[n];
    for (i=0;i<10;i++)
    {
        scanf("%d",a[i]);
        sum=sum+a[i];
    }
    printf("sum=%d\n",sum);
}
```

(3) 以下程序的功能是将字符串b连接到字符串a后面。纠正程序中存在的错误,以实现其功能。

```
#include <stdio.h>
int main(void)
{   char a[]="wel",b[]="come";
    int i,n=0;
    while (!a[n]) n++;
    for(i=0;b[i]!='\0';i++) a[n+i]=b[i];
    a[n+i]='\0';
    printf("%s\n",a);
```

```
}
```

(4) 以下程序的功能是找出一个二维数组中的鞍点,即该位置上的元素在该行上最大,在该列上最小。当然,也可能没有这样的鞍点。纠正程序中存在的错误,以实现其功能。

```
#include <stdio.h>
#define N 4
#define M 4
int main(void)
{
    int i,j,k,flag1,flag2,a[N][M],max,maxj;
    for(i=0;i<N;i++)
        for(j=0;j<M;j++) scanf("%d",&a[i][j]);
    flag2=0;
    for(i=0;i<N;i++)
    {   max=a[j][0];  maxj=0;
        for(j=1;j<M;j++)
            if (a[i][j]>max)
            {
                max=a[i][j];
                maxj=j;
            }
        for(k=0,flag1=1;k<N&&flag1;k++)
            if (max>a[k][maxj]) flag1=0;
        if (flag1)
        {
            printf("\nThe saddle point is :a[%d][%d]=%d\n",I,maxj,max);
            flag2=1;
        }
    }
    if (flag2)
        printf("\nThere is no saddle point in the Matrix\n");
}
```

3. 程序填空题

(1) 下面程序将十进制整数n转换成base进制(base进制数位都用数字或数表示),请填空使程序完整。

```
#include <stdio.h>
int main(void)
{   int i=0,base,n,j,num[20];
    scanf("%d",&n);
    scanf("%d",&base);
    do{i++;
        num[i]=_______;
        n=_______;
    }while(n!=0);
```

```
    for(________)
        printf("%d",num[j]);
}
```

(2) 以下程序的功能是求3个字符串(每个字符串不超过20个字符,字符串可以含空格)中的最大者。补充完善程序,以实现其功能。

```
#include <stdio.h>
#include <string.h>
int main(void)
{   char string[20],str[3][20]; int i;
    for (i=0;i<3;i++) ________;
    if (________) strcpy(string,str[0]);
    else strcpy(string,str[1]);
    if (________) strcpy(string,str[2]);
    puts(string);
}
```

(3) 以下程序的功能是采用二分法在给定的有序数组中查找用户输入的值,并显示查找结果。补充完善程序,以实现其功能。

```
#include "stdio.h"
#define N 10
int main(void)
{   int a[]={0,1,2,3,4,5,6,7,8,9},k;
    int low=0,high=________,mid,find=0;
    printf("请输入要查找的值:\n");
    scanf("%d",&k);
    while (low<=high)
    {
        mid=(low+high)/2;
        if (a[mid]==k)
        {
            printf("找到位置为:%d\n",mid+1);find=1;
        }
        if (a[mid]>k)
        ________;
        else
        ________;
    }
    if (!find) printf("%d未找到\n",k);
}
```

(4) 以下程序的功能是从键盘输入10个整数,统计非负数的个数,并计算非负数之和。补充完善程序,以实现其功能。

```
#include <stdio.h>
```

```
int main(void)
{   int i,a[10],sum=0,count;
    ________
    for (i=0;i<10;i++)
        scanf("%d",________);
    for(i=0;i<10;i++)
    {
        if (a[i]<0)
        ________
        sum+=a[i];
        count++;
    }
    printf("sum=%d,count=%d\n",sum,count);
}
```

4. 编程题

(1) 从键盘输入10个数,用选择排序法将其按从大到小的顺序排序,然后在排好序的数列中插入一个新输入的数,使数列仍然保持从大到小的顺序。

(2) 从键盘输入两个矩阵**A**、**B**的值,求**C**=**A**+**B**。

$$\mathbf{A}=\begin{bmatrix}3 & 5 & 7\\12 & 13 & 6\end{bmatrix}\quad \mathbf{B}=\begin{bmatrix}4 & 8 & 10\\6 & 13 & 16\end{bmatrix}$$

(3) 从键盘输入一个字符串,删除其中的某个字符。例如,输入字符串"abcdefghededff",删除其中的字符e,则输出的字符串为"abcdfghddff"。

(4) 输入4×4的整数矩阵,编写程序实现:①求出矩阵对角线上各元素之和;②求出在对角线上又在矩阵偶数行上的各元素之和;③交换对角线上最大与最小元素后,输出最新矩阵。

实验8　函数及其应用

一、实验目的

(1) 掌握定义函数的方法,掌握函数实参与形参的传递方式。

(2) 掌握函数的嵌套调用和递归调用方法。

(3) 了解全局变量和局部变量、动态变量、静态变量的概念和使用方法。

二、实验内容

1. 程序运行

对配套教材第8章中的例题(例8-1～例8-36)选择性地输入、运行,领会使用函数编写程序的方法,了解和掌握不同类型变量的概念及其基本使用方法。

2. 改错题

(1) 以下程序的功能是求整数n的阶乘。纠正程序中存在的错误,以实现其功能。

```
#include <stdio.h>
```

```
int fun(int n)
{   static int p=1;
    p=p * n;
    return p;
}
int main(void)
{   int n,i, f=0;
    printf("input member:");
    scanf("%d",&n);
    for(i=1;i<=n;i++) f=f * fun(i);
    printf("%d!=%d\n",n,f);
}
```

(2) 以下程序的功能是将字符数组中的字符串逆序输出。纠正程序中存在的错误,以实现其功能。

```
#include <stdio.h>
#include<string.h>
#define ARR_SIZE=80;
void Inverse(char str[])
int main(void)
{   char str[ARR_SIZE];
    printf("Please enter a string: ");
    gets(str);                                         //输入字符串
    Inverse(char str[]);                               //逆序字符串
    printf("The inversed string is : ");puts(str); //输出字符串
}
void Inverse(char str[])
{   int len,i=0,j; char temp;
    len=strlen(str);
    for(j=len-1;i<j;i++,j--)
    {   temp=str[i];                                   //交换两个字符
        str[j]=str[i];
        str[j]=temp;
    }
}
```

(3) 以下 sub()函数的功能是将 s 所指字符串的反序和正序进行连接,形成一个新串放在 t 所指的数组中。例如,当 s 所指字符串的内容为“ABCD”时,t 所指数组中的内容为“DCBAABCD”。纠正程序中存在的错误,以实现其功能。

```
#include <stdio.h>
#include <string.h>
void sub(char s[],char t[])
{   int i,d;
    d=strlen(s);
    for(i=1;i<d;i++)
```

```
        t[i]=s[d-1-i];
    for(i=0;i<d;i++)
        t[d+i]=s[i];
    t[2*d]='\0';
}
int main(void)
{   char s[100],t[100];
    printf("Please enter string s:");
    scanf("%s",s);
    sub(s,t);
    printf("\nThe result is:%s\n",t);
}
```

3. 程序填空题

(1) 以下程序中,函数fun()的功能是找出一个大于给定整数m且紧随m的素数,并作为函数值返回。

```
#include<stdio.h>
int fun(int m)
{   int i,k;
    for(i=_______;;i++)
    {   for(k=2;k<i;k++)
            if (_______) break;
        if (_______) return(i);
    }
}
int main(void)
{   int n;
    printf("Please enter n:");
    scanf("%d",&n);
    printf("%d\n",fun(n));
}
```

(2) 以下sum()函数的功能是计算数组x前n个元素之和。在主函数中输入10个任意整数和下标为i1、i2的值(设0≤i1≤i2≤9),调用sum()函数计算从第i1个元素到第i2个元素的和,并输出结果。补充完善程序,以实现其功能。

```
#include <stdio.h>
int sum(int x[],int n)
{   int i,s=0;
    for (i=0;_______;i++)
      s=_______;
    return s;
}
int main(void)
{   int i,i1,i2,result, x[10];
```

```
    for(i=0;i<10;i++) scanf("%d",&x[i]);
    scanf("%d%d",&i1,&i2);
    result=sum(x+i1,________);
    printf("Sum=%d\n",result);
}
```

(3) 以下程序的功能是输入一个字符数小于40的字符串string,然后在string所保存字符串中的每个字符之间加一个空格。补充完善程序,以实现其功能。

```
#include <stdio.h>
________
#define MAX 80
void Insert(char s[]);
int main(void)
{   char string[2*MAX];
    scanf("%s",string);
    Insert(________);
    printf("%s",string);
}
void Insert(char srcStr[])
{   char strTemp[MAX]; int i=0,j=0;
    strcpy(strTemp,srcStr);
    while(________)
    {   srcStr[i++]=strTemp[j];
        ________
        srcStr[i++]=' ';
    }
    srcStr[i]='\0';
}
```

(4) 以下程序的功能是输出如下所示的图形。补充完善程序,以实现其功能。

```
      1
     222
    33333
   4444444
  555555555
 66666666666
7777777777777
 66666666666
  555555555
   4444444
    33333
     222
      1
```

```
#include <stdio.h>
```

```
void a(int i)
{   int j,k;
    for(j=1;j<=30-i;j++) printf("%c",' ');
    for(k=1;k<=________;k++) printf(________);
    printf("\n");
}
int main(void)
{   int i;
    for (i=1;i<=7;i++) ________;
    for (i=6;i>=1;i--) ________;
}
```

4. 编程题

(1) 从键盘输入 10 个数,用函数编程实现将其中最大数与最小数的位置对换,再输出调整后的数组。

(2) 编写一函数,判断一字符串是否为回文。"回文"是指顺读和倒读都一样的字符串,例如,"level"和"poop"是回文。在主函数中对输入的 5 个字符串统计回文的个数。

(3) 编写一函数,实现将一个十进制数转换成二进制数的功能。

实验 9 指针及其应用

一、实验目的

(1) 掌握指针和指针变量、内存单元和地址、变量与地址、数组与地址的关系。

(2) 掌握指针变量的定义和初始化,以及指针变量的引用方式。

(3) 掌握指向变量的指针变量的使用,掌握指向数组的指针变量的使用,掌握指向字符数组指针变量的使用等。

二、实验内容

1. 程序运行

对配套教材第 9 章中的例题(例 9-1～例 9-48)选择性地输入、运行,领会使用指针编写程序的方法,了解和掌握不同类型指针的概念及其基本使用。

2. 改错题

(1) 以下程序的功能是求出从键盘输入的字符串的实际长度,字符串中可以包含空格键、Tab 键等,但回车结束符不计。例如,输入 abcd efg 后按 Enter 键,应返回字符串长度 8。纠正程序中存在的错误,以实现其功能。

```
#include <stdio.h>
int len(char s)
{   char *p=s;
    while (p!='\0') p++;
    return p-s;
}
```

```
int main(void)
{   char str[80]; scanf("%s",str);
    printf("\"%s\" include %d characters.\n",str,len(str));
}
```

(2) 以下程序的功能是互换给定数组中的最大数和最小数。在程序中,最大数与最小数的互换操作通过函数调用来实现,指针 max 和 min 分别指向最大数和最小数。纠正程序中存在的错误,以实现其功能。

```
#include <stdio.h>
int main(void)
{   int i;  static int a[8]={10,5,4,0,12,18,20,46};
    void jhmaxmin();
    printf("Original array:\n");
    for(i=0;i<8;i++)
    printf("%5d",a[i]);                          /* 输出原始数组元素 */
    printf("\n");
    jhmaxmin(a,8);
    printf("Array after swaping max and min:\n");
    for(i=0;i<8;i++)
        printf("%5d",a[i]);                      /* 输出交换后的数组元素 */
    printf("\n");
}
void jhmaxmin(int p,n)
{   int t, *max, *min, *end, *q;
    end=p+n;
    max=min=p;
    for(q=p+1;q<end;q++)
    {
        if (*q>*max) max=q;
        if (*q<max) min=q;
    }
    t=max; max=min; min=t;
}
```

(3) 以下程序的功能是统计一字符串中各个字母出现的次数,该字符串从键盘输入,统计时不区分大小写,对数字、空格及其他字符不予统计,最后在屏幕上显示统计结果。纠正程序中存在的错误,以实现其功能。

```
#include <stdio.h>
#include<string.h>
int main(void)
{   int i,a[26];
    char ch,str[80],*p=str;
    gets(&str);                              /* 获取字符串 */
    for(i=0;i<26;i++)
```

```
        a[i]=0;                                     /*初始化字符个数*/
    while (*p)
    {   ch=(*p)++;                                  /*移动指针统计不同字符出现的次数*/
        ch=ch>='A' &&ch<='Z' ?ch+'a'-'A':ch;/*大小写字符转换*/
        if ('a'<=ch<='z') a[ch-'a']++;
    }
    for(i=0;i<26;i++) printf("%2c",'a'+i);   /*输出 26 个字母*/
    printf("出现的次数为:\n");
    for(i=0;i<26;i++) printf("%2d",a[i]);    /*输出各字母出现的次数*/
    printf("\n");
}
```

3. 程序填空题

(1) 以下程序通过指针运算找出 3 个数中的最大值,并输出到屏幕上,请补充程序。

```
int main(void)
{   int x,y,z,max,*px,*py,*pz,*pmax;
    scanf("%d%d%d",&x,&y,&z);
    px=&x; py=________; pz=&z; pmax=&max;
    ________
    if(*pmax<*py) *pmax=*py;
    if(*pmax<*pz)________
    printf("max=%d\n",max);
}
```

(2) 以下程序的功能是从键盘输入 8 个整数,使用指针以选择法对其按从小到大的顺序进行排序。补充完善程序,以实现其功能。

```
#include <stdio.h>
int main(void)
{   int a[8],*p,i,j,k,t;
    ________
    printf("Input the numbers:");
    for(i=0;i<8;i++) scanf("%d",p+i);
    for(i=0;________;i++)
    {
        for(j=i;j<8;j++)
            if(j==i||*(p+j)<t) { t=*(p+j); k=j; }
        if (k!=i)
        {   t=*(p+k);
            ________
            ________
        }
    }
    for(i=0;i<8;i++) printf("%5d",*(p+i));
}
```

(3) 以下程序的功能是将一个整数字符串转换为一个数,例如,字符串“3678”转换为数字 3678。选择填空，使程序实现其功能。

```
#include<string.h>
chnum(char * p);
int main(void)
{    char str[6];
     int n;
     gets(str);
     if (* str=='-') n=-chnum(str+1);
     else n=chnum(str);
     printf("%d\n",n);
}
chnum(char * p)
{    int num=0,k,len,j;
     len=strlen(p);
     for(; ___①___ ;p++)
     {    k= ___②___ ;
          j=(--len);
          while ( ___③___ ) {k=k * 10;}
          num=num+k;
     }
     return(num);
}
```

① A. * p!='\0'　　B. * (++p)!='\0'　　C. * (p++)!='\0'　　D. len<>0

② A. * p　　B. * p+'0'　　C. * p-'0'　　D. * p-32

③ A.--j　　B. j-->0　　C. -len　　D. len-->0

（4）以下程序的功能是将字符数组 a 中的所有字符传送到字符数组 b 中，要求每传送 3 个字符后存放一个空格，例如，字符串 a 为"abcdef"，则字符串 b 为"abc def g"。补充完善程序，以实现其功能。

```
#include <stdio.h>
int main(void)
{    int i,k=0;   char a[80],b[110], * p;
     p=a;
     gets(p);
     for (i=1;________;p++,k++,i++)
     {
          if (________) { b[k]=' '; k++;}
          b[k]= * p;
     }
     b[k]='\0';
     puts(b);
}
```

4. 编程题

（1）输入一个字符串，将其中的数字字符组成一个数字。

(2) 利用指针作函数参数,设计一个函数对字符串进行简单加密,把字符串中的小写字母变成其后面第3个字母,例如,a变为d,b变为e,最后3个字母x、y、z则分别变成字母a、b、c,再设计一个函数把加密字符串还原。主程序中输入一个字符串,并完成加密与还原功能。

(3) 设计一个指针函数,实现将字符串b连接到字符串a后面的功能。

实验10 自定义类型及其应用

一、实验目的

(1) 掌握结构体类型变量的定义和使用。

(2) 掌握结构体类型数组的概念和应用。

(3) 掌握链表的概念,初步学会对链表进行操作。

二、实验内容

1. 程序运行

对配套教材第10章中的例题(例10-1~例10-21)选择性地输入、运行,重点领会使用结构体类型编写程序的方法,了解和掌握对链表的各种操作。

2. 改错题

(1) 以下程序的功能是按学生姓名查询其排名和平均成绩,查询可连续进行,直到输入0结束。纠正程序中存在的错误,以实现其功能。

```
#include <string.h>
#define NUM 5
struct student
{   int rank;                        /*学生排名*/
    char name;                       /*学生姓名*/
    float score;                     /*学生成绩*/
}
stu[]={5,"Cary",95.8,3,"Tom",89.3,4,"Mary",78.2,1,"Jack",95.1,2,"Jim",90.6};
int main(void)
{   char str[10]; int i;
    do
    {   printf("Enter a name: ");
        scanf("%s",str);
        for(i=0;i<NUM;i++)
            if ((strcmp(str,stu[i].name)!=0))
            {   printf("name:%5s\n",stu[i].name);
                printf("rank:%d\n",stu[i].rank);
                printf("average:%5.1f\n",stu[i].score);
                continue;
            }
        if (i>=NUM) printf("Not found\n");
    } while(strcmp(str,"0")!=0);
```

```
}
```

(2) 以下程序的功能是将学生姓名(name)和年龄(age)存于结构体数组 person 中,fun 函数的功能是找出年龄最小的学生。纠正程序中存在的错误,以实现其功能。

```
#include <stdio.h>
struct stud
{
    char name[20];
    int age;
};
fun(struct stud person[],int n)
{   int min,i;
    min=0;
    for(i=0;i<n;i++)
        if (person[i]<person[min]) min=i;
    return (person);
}
int main(void)
{   struct stud a[]={{"Zhao",21},{"Qian",20},{"Sun",19},{"Li",22}};
    int n=4;
    struct stud minpers;
    minpers=fun(a,n);
    printf("%s是年龄最小者,年龄是: %d\n",minpers.name,minpers.age);
}
```

(3) 以下程序的功能是建立一个从小到大的单链表。纠正程序中存在的错误,以实现其功能。

```
#include <stdio.h>
#include<malloc.h>
struct Link
{   int data;
    struct Link *next;
};
void InsertList(struct Link *H,int n)
{   struct Link *p, *q, *s;
    s=(struct Link *) malloc(sizeof(struct Link));
    s->data=n;
    q=H;p=H->next;
    while (p&& n>p->data) { q=p; p=p->next; }
    q->next=s;
    s->next=q->next;
}
int main(void)
{   int a[]={12,3,45,67,7,65,10,20,35,55}; int i;
    struct Link *H, *p;
```

```
    H=(struct Link *) malloc(sizeof(struct Link));
    H->next=NULL;
    for (i=0;i<10;i++) InsertList(H,a[i]);
    p=H->next;
    while(p)
    {
        printf("%4d",p->data);
        p=p->next;
    }
    printf("\n");
}
```

3. 程序填空题

(1) 设有3个人的姓名和年龄存在结构数组中,以下程序的功能是输出3个人中年龄居中者的姓名和年龄。补充完善程序,以实现其功能。

```
static struct person
{   char name[20];
    int age;
} person[]={"Li-ming",18, "wang-hua",19, "zhang-ping",20};
int main(void)
{   int i,max,min;
    max=min=person[0].age;
    for(i=1;i<3;i++)
        if (person[i].age>max) ________;
        else if (person[i].age<min) ________;
    for(i=0;i<3;i++)
        if (person[i].age!=max ________ person[i].age!=min)
        { printf("%s %d\n",person[i].name,person[i].age); break; }
}
```

(2) 下面程序的功能是统计一个班级(N个学生)的学习成绩,每个学生的信息由键盘输入,存入结构数组s[N]中,对学生的成绩进行优(90～100)、良(80～89)、中(70～79)、及格(60～69)和不及格(低于60)的统计,并统计各成绩分数段的学生人数。补充完善程序,以实现其功能。

```
#include <stdio.h>
#define N 30
struct student
{   int score;                          /*学生成绩*/
    char name[10];                      /*学生姓名*/
} s[N];
int main(void)
{   int i,score90,score80,score70,score60,score_failed;
    for(i=0;i<N;i++)
        scanf("%d%s",________);    /*输入N个学生的成绩、姓名,存入数组s中*/
```

```
    score90=0;score80=0;score70=0;score60=0;score_failed=0;
    for(i=0;i<N;i++)
    {   switch (_______)
        {
            case 10:
            case 9:score90++;break;
            case 8:score80++;break;
            case 7:score70++;break;
            case 6:score60++;break;
            _______:score_failed++;
        }
    }
    printf("优：%d 良：%d 中：%d 及格：%d 不及格：%d\n",score90,score80,score70,
    score60,score_failed);
}
```

(3) 以下程序的功能是从键盘输入一个字符串,调用函数建立反序链表,然后输出整个链表。补充完善程序,以实现其功能。

```
#include <stdio.h>
struct node
{   char data;
    struct node * link;
} * head;
Ins(struct node _______)
{
    if(head==NULL)
    {   q->link=NULL;
        head=q;
    }
    else
    {   q->link=_______;
        head=q;
    }
}
int main(void)
{   char ch;
    struct node * p;
    head=NULL;
    while((ch=getchar())!='\n')
    {
        p=_______;
        p->data=ch;
        Ins(_______);
    }
    p=head;
```

```
    while(p!=NULL)
    {
        printf("%c",p->data);
        ________;
    }
}
```

4. 编程题

(1) 从键盘输入5名学生的信息,包含学号、姓名、数学成绩、英语成绩、C语言成绩,求每个学生3门课程的总分,并输出总分最高和最低的学生的学号、姓名和总分。

(2) 建立两个单向链表,按交替的顺序轮流从这两个链表中取其成员归并成一个新的链表,如果其中一个链表的成员取完,另一个链表的多余成员依次接到新链表的尾部,并把指向新链表的指针作为函数值返回。例如,两个链表成员分别是{1,4,6,8,30,45}和{5,10,15},则链接成的新链表是{1,5,4,10,6,15,8,30,45}。

实验11　文件及其应用

一、实验目的

(1) 掌握文件、文件指针的概念。

(2) 学会使用打开、关闭、读、写等文件操作函数。

二、实验内容

1. 程序运行

对配套教材第11章中的例题(例11-1～例11-13)选择性地输入、运行,掌握对文件进行各种操作的方法。

2. 改错题

(1) 以下程序的功能是随机产生1000个整数,并写入一个文本文件中。纠正程序中存在的错误,以实现其功能。

```
#include <stdio.h>
#include <stdlib.h>
#include <time.h>
int main(void)
{   int x[1000],I,k;
    FILE *fp2;
    srand((unsigned) time(NULL));
    for(i=0;i<1000;i++) x[i]=rand();
    fp2=fopen("data2.dat","wb");
    if (fp2==NULL)
    {
        printf("Open error \n");exit(0);
    }
```

```
    for(int k=0;k<1000;k++) fwrite(x[k],sizeof(int),fp2);
    fclose(fp2);
}
```

（2）以下程序的功能是在键盘输入 4 行字符写到 D 盘的 data1.dat 文件中。纠正程序中存在的错误，以实现其功能。

```
#include <stdio.h>
#include <string.h>
int main(void)
{   FILE * fp1; char ch[80]; int i,j;
    fp1=fopen("d:\\data1.dat","b");
    for(i=1;i<=4;i++)
    {   gets(ch);
        j=0;
        while(ch[j]!='\0')
        {
            fputc(fp1,ch[j]);
            j++;
        }
        fputc(fp1,'\n');
    }
    fclose(fp1);
}
```

（3）以下程序的功能是从数组取得数据，并按下列格式输出建立 ASCII 码文件。

10 20 30 40 50 60 70 80 90 100(每个数据占 5 个字符宽度)

建立后再从文件中读出数据并显示在屏幕上。纠正程序中存在的错误，以实现其功能。

```
#include <stdio.h>
#include<stdlib.h>
int main(void)
{   FILE * fp3;
    int b[]={10,20,30,40,50,60,70,80,90,100},i=0,n;
    if((fp3=fopen("file11_23.txt","w"))==NULL)
    {
        printf("%s 不能打开\n","file11_23.txt");
        exit(1);
    }
    while(i<10)
    {
        fprintf(fp3,"%d",b[i]);
        if(i%3==0) fprintf(fp3,"\n");
        i++;
    }
    fclose(fp3);
```

```
    if((fp3=fopen("file11_23.txt","r"))==NULL)
    {
        printf("%s不能打开\n","file11_23.txt");
        exit(1);
    }
    fscanf(fp3,"%5d",&n);
    while(!feof(fp3))
    {
        printf("%5d",n);
        fscanf(fp3,"%d",&n);
    }
    printf("\n");
    fclose(fp3);
}
```

(4) 以下程序的功能是将10名职工的数据从键盘输入,然后送到磁盘文件worker.dat中保存(设职工数据包括职工号、姓名、工资)。再从磁盘读入这些数据,并依次显示在屏幕上(要求用fread()函数和fwrite()函数)。纠正程序中存在的错误,以实现其功能。

```
#include <stdio.h>
#include <stdlib.h>
#define N 10
int main(void)
{   struct worker
    {   char id[5];
        char name[10];
        int salary;
    } s[N];
    int i; FILE * fp;
    for(i=0;i<N;i++)
    {   printf("Input record:");
        scanf("%s %s %d",s[i].id,s[i].name,s[i].salary);
        printf("\n");
    }
    if ((fp=fopen("worker.dat","wb"))==NULL)
    {   printf("File not open."); abort(); }
    for(i=0;i<N;i++)
        fwrite(s[i],sizeof(struct worker),1,fp);
    fclose(fp);
    if ((fp=fopen("worker.dat","rt"))==NULL)
    {   printf("File not open."); abort(); }
    for(i=0;i<N;i++)
    {
        fread(s[i],sizeof(s[i]),1,fp);
        printf("%s %s %d\n",s[i].id,s[i].name,s[i].salary);
    }
```

```
    fclose(fp);
}
```

3. 程序填空题

(1) 以下 fun()函数的功能是将参数给定的字符串、整数、浮点数写到文本文件中，再用字符串方式从此文本文件中逐个读入，并调用库函数 atoi()和 atof()将字符串转换成相应的整数、浮点数，然后将其显示在屏幕上。

```
#include <stdio.h>
#include <stdlib.h>
void fun(char * s,int a,double f)
{   ________ fp;
    char str[100],str1[100],str2[100];
    int a1;double f1;
    fp=fopen("file1.txt","w");
    fprintf(fp, "%s %d %f\n",s,a,f);
    ________;
    fp=fopen("file1.txt", "r");
    fscanf(________,"%s%s%s",str,str1,str2);
    fclose(fp);
    a1=atoi(str1);
    f1=atof(str2);
    printf("Result: %s %d %f\n",str,a1,f1);
}
int main(void)
{   char a[10]="Hello!";
    int b=12345;
    double c=98.76;
    fun(a,b,c);
}
```

(2) 以下程序的功能是从键盘输入字符，直到输入 EOF(按 Ctrl+Z 组合键)为止。对于输入的小写字符，先转换成相应的大写字符，其他字符不变，然后逐个输出到文件 text.txt 中，行结束符回车('\n')也作为一个字符对待，最后统计文件中的字符个数和行数。补充完善程序，以实现其功能。

```
#include <stdio.h>
int main(void)
{   FILE * fp;
    char c;
    int i=0,no=0,line=0;
    if ((fp=fopen("text.txt",________))==NULL)
    {   printf("can't open this file.\n"); exit(0);}
    printf("please input a string.\n");
    while((c=getchar())!=EOF)
    {
```

```
        if(c>='a' && c<='z')________;
        fputc(________,fp);
    }
    fclose(fp);
    if ((fp=fopen("text.txt","r"))==NULL)
    {  printf("can't open this file.\n"); exit(0);}
    while (!feof(fp))
    {   c=________;
        no++;
        if (________) line++;
    }
    printf("line=%d character_no=%d\n",line,no);
    fclose(fp);
}
```

(3) 以下程序的功能是从字符指针数组读出字符串,建立ASCII文件file11_33.txt。补充完善程序,以实现其功能。

```
#include <stdio.h>
#include <stdlib.h>
int main(void)
{   FILE * fp; int i=0;
    char * str[]={"visual C++", "visual Basic", "visual java", "visual foxpro"};
    if ((fp=fopen("file11_33.txt",________))==NULL)
    {  printf("%s 不能打开\n","file11_33.txt"); exit(1); }
    while(i<4)
    {   fprintf(________);
        ________;
    }
    fclose(fp);
}
```

(4) 以下程序的功能是从字符指针数组读出字符串,建立和输出二进制文件file11_34.dat。补充完善程序,以实现其功能。

```
#include <stdio.h>
#include <stdlib.h>
#include <string.h>
int main(void)
{   FILE * fp; int i=0;
    char str[][20]={"visual C++", "visual Basic", "visual java", "visual foxpro"};
    char s[20];
    if ((fp=fopen("file11_34.dat",________))==NULL)
    { printf("%s 不能打开\n","file11_34.dat"); exit(1); }
    while(i<4)
    {
        fwrite(________,________,1,fp);
```

```
        i++;
    }
    fclose(fp);
    if ((fp=fopen("file11_34.dat",________))==NULL)
    { printf("%s 不能打开\n","file11_34.dat"); exit(1); }
    fread((________,________,1,fp);
    while(!feof(fp))
    {
        printf("%s\n",s);
        fread((________,________,1,fp);
    }
    fclose(fp);
}
```

4. 编程题

(1) 设文件 number.dat 中放了一组整数,编程计算并输出文件中的正整数之和、负整数之和。

(2) 根据提示从键盘输入一个已存在的文本文件的完整文件名,再输入另一个已存在的文本文件的完整文件名,然后将源文本文件的内容追加到目的文本文件的原内容之后,并在程序运行过程中显示源文件和目的文件中的文件内容,以此来验证程序的执行结果。

(3) 设有 5 个学生,每个学生有 3 门课的成绩,从键盘输入以上数据(包括学号、姓名、3 门课的成绩),计算平均成绩,将原有数据和计算出的平均成绩,按学号、姓名、3 门课的成绩、平均成绩顺序存放在磁盘文件 stud.dat 中。

第2部分

新编C语言程序设计习题参考解答

第1章　C语言概述

一、选择题

1. 一个C程序的执行是从(　　)。
   A. 本程序的main()函数开始,到main()函数结束
   B. 本程序的main()函数开始,到本程序文件的最后一个函数结束
   C. 本程序文件的第一个函数开始,到本程序main()函数结束
   D. 本程序文件的第一个函数开始,到本程序文件的最后一个函数结束
2. C语言程序的基本单位是(　　)。
   A. 程序　　B. 字符　　C. 语句　　D. 函数
3. 以下叙述正确的是(　　)。
   A. 在C程序中,main()函数必须位于程序的最前面
   B. 在对一个C程序进行编译的过程中,可发现注释中的拼写错误
   C. C语言本身没有输入/输出语句
   D. 在C程序的每行中只能写一条语句
4. 以下叙述不正确的是(　　)。
   A. 一个C源程序可由一个或多个函数组成
   B. C程序的基本组成单位是函数
   C. 一个C源程序必须包含一个main()函数
   D. 在C程序中,注释说明只能位于一条语句的后面
5. 在一个C语言程序中,下列说法正确的是(　　)。
   A. main()函数必须出现在固定位置
   B. main()函数可以在任何地方出现
   C. main()函数必须出现在所有函数之后
   D. main()函数必须出现在所有函数之前
6. 以下叙述中,正确的是(　　)。
   A. 在对一个C语言程序进行编译的过程中,可发现注释中的拼写错误
   B. C语言源程序不必经过编译就可以直接运行
   C. C语言源程序经编译形成的二进制代码可以直接运行
   D. 在对C语言程序进行编译和连接的过程中都可以发现错误
7. 在下列4组选项中,均不是C语言关键字的选项是(　　)。

A. define	B. gect	C. include	D. while
IF	char	scanf	go
type	printf	case	pow

8. 对于C语言的特点,下面描述不正确的是(　　)。

A. C语言兼有高级语言和低级语言的双重特点,执行效率高

B. C语言既可以用来编写应用程序,又可以用来编写系统软件

C. C语言的可移植性较差

D. C语言是一种结构化程序设计语言

9. C语言源程序的扩展名为(　　)。

A. exe　　B. obj　　C. c　　D. cpp

10. 在C语言中语句的结束符是(　　)。

A. ,　　B. ;　　C. 。　　D. ；

11. 编译程序的功能是(　　)。

A. 建立并修改程序　　B. 将C源程序编译成目标程序

C. 调试程序　　D. 命令计算机执行指定的操作

12. 二进制代码程序属于(　　)。

A. 面向机器语言　　B. 面向问题语言

C. 面向过程语言　　D. 面向汇编语言

13. 以下叙述中错误的是(　　)。

A. C程序经过编译、连接步骤之后才能形成一个真正可执行的二进制机器指令文件

B. C语言中的每条可执行语句和非可执行语句最终都将被转换成二进制的机器指令

C. 用C语言编写的程序称为源程序,它以ASCII代码形式存放在一个文本文件中

D. C语言源程序经编译后生成后缀为.obj的目标程序

14. 设有两行定义语句:

```
int scanf;
float case;
```

则以下叙述中正确的是(　　)。

A. 第2行语句不合法　　B. 两行定义语句都合法

C. 第1行语句不合法　　D. 两行定义语句都不合法

15. C语言编译程序的功能是(　　)。

A. 执行一个C语言编写的源程序

B. 把C源程序翻译成ASCII码

C. 把C源程序翻译成机器代码

D. 把C源程序与系统提供的库函数组合成一个二进制执行文件

16. 以下叙述中正确的是(　　)。

A. 转义字符要用双引号括起来,以便与普通的字符常量区分开

B. 字符常量在内存中占2B

C. 字符常量是不能进行关系运算的

D. 字符常量需要用单引号括起来

17. 以下叙述中正确的是(　　)。

A. 计算机只接收由 0 和 1 代码组成的二进制指令或数据

B. 计算机只接收由 0 和 1 代码组成的十进制指令或数据

C. 计算机可直接接收并运行 C 源程序

D. 计算机可直接接收并运行任意高级语言编写的源程序

18. 以下叙述中错误的是(　　)。

A. C 程序可以由一个或多个函数组成

B. C 程序可以由多个程序文件组成

C. 一个 C 语言程序只能实现一种算法

D. 一个 C 函数可以单独作为一个 C 程序文件存在

19. C 语言中的标识符分为关键字、预定义标识符和用户标识符,以下叙述中正确的是(　　)。

A. 预定义标识符(如库函数中的函数名)可用作用户标识符,但失去原有含义

B. 用户标识符可以由字母和数字任意顺序组成

C. 在标识符中大写字母和小写字母被认为是相同的字符

D. 关键字可用作用户标识符,但失去原有含义

参考答案:ADCDB　DACCB　BABAC　DACA

二、简答题

1. 什么是计算机语言?计算机语言分为几类?各有什么特点?

计算机语言:语言是思维的载体。人和计算机"打交道",必须要解决一个"语言"沟通的问题。如今,人与计算机之间有许多种类的"语言"。

计算机语言分类:机器(二进制)语言、汇编语言(低级)和高级语言(第三代、第四代、……)。

计算机语言各自的特点:

(1) 机器(二进制)语言。机器语言是用 0、1 两个数字编写的计算机能直接运行的程序语言,机器语言的执行效率高,但难编写、难懂、难移植。

(2) 汇编语言(低级)。汇编语言的特点是使用一些"助记符号"来代替那些难懂难记的二进制代码,所以汇编语言相对于机器指令而言便于理解和记忆,但它和机器语言的指令基本上一一对应,两者都是针对特定的计算机硬件系统的,可移植性差,因此称它们是"面向机器的低级语言"。

(3) 高级语言。高级语言类似自然语言(主要是英语),由专门的符号根据词汇规则构成单词,由单词根据句法规则构成语句,每种语句有确切的语义并能由计算机解释。高级语言包含许多英语单词,有"自然化"的特点;用高级语言书写的计算式子接近于人们熟知的数学公式的规则。高级语言与机器指令完全分离,具有通用性,一条高级语言语句通常相当于几条或几十条机器指令。

2. 汇编语言与高级语言有何区别?

高级语言程序要比汇编语言易懂、明了、简短得多;高级语言与机器指令完全分离,具有通用性,一条高级语言语句通常相当于几条或几十条汇编语言指令;高级语言要经过解释或

编译来执行,而汇编语言程序通过汇编程序生成机器程序来执行。

3. 什么是程序?

完成某一特定任务的一组指令序列,或者说,为实现某一算法的指令序列称为"**程序**"。不同计算机语言有不同的计算机程序。

4. 在C语言中为何要加注释语句?

注释部分起到说明语句或程序的作用,在程序中应添加必要的注释以增强用户对程序的阅读与理解。注释具有给用户提示或解释程序的意义。

在调试程序时对暂时不用的语句也可用注释符标注起来,使翻译跳过这些不做处理,待调试结束后再按需去掉注释符。为此,注释也有调试的辅助作用。

5. 简述C语言程序的组成。C语言程序包括哪些部分?一个C语言函数一般是由哪几个部分组成的?

C语言程序的组成:一个C语言源程序可以由一个或多个源程序文件组成。

C语言程序的组成部分:

(1) 一个C语言源程序可以由一个或多个源文件组成。

(2) 每个源文件可以由一个或多个函数组成。

(3) 一个源程序不论由多少个文件组成,都有一个且只能有一个main函数,即主函数。

(4) 源程序中可以有预处理命令(include命令仅为其中的一种),预处理命令通常放在源文件或源程序的最前面。

(5) 每条语句都必须以分号结尾,但预处理命令、函数头和花括号}之后不能加分号。

(6) 标识符、关键字之间必须至少加一个空格,以示间隔。

C语言函数:一个C语言函数通常由函数首部(如int max(int a,int b))、函数体组成。函数体一般由局部变量定义与函数声明等组成的定义与声明语句部分、程序执行语句等组成的执行部分这两个部分组成(如min()函数)。

第 2 章　结构化程序设计与算法

一、选择题

1. 下列关于算法的叙述不正确的是（　　）。
   A. 算法是解决问题的有序步骤
   B. 一个问题的算法只有一种
   C. 算法具有确定性、可行性、有限性等基本特征
   D. 常见的算法描述方法有自然语言、图示法、伪代码法等
2. 对于使用计算机解题的步骤，以下描述正确的是（　　）。
   A. 正确理解题意→设计正确算法→寻找解题方法→编写程序→调试运行
   B. 正确理解题意→寻找解题方法→设计正确算法→调试运行→编写程序
   C. 正确理解题意→寻找解题方法→设计正确算法→编写程序→调试运行
   D. 正确理解题意→设计正确算法→寻找解题方法→调试运行→编写程序
3. 流程图是一种描述算法的方法，其中最基本、最常用的成分有（　　）。
   A. 处理框、矩形框、连接点、流程线和开始、结束符
   B. 菱形框、判断框、连接点、流程线和开始、结束符
   C. 处理框、判断框、连接点、圆形框和开始、结束符
   D. 处理框、判断框、连接点、流程线和开始、结束符
4. 下列关于算法的特征描述不正确的是（　　）。
   A. 有穷性：算法必须在有限步之内结束
   B. 确定性：算法的每一步必须有确切的定义
   C. 输入：算法必须至少有一个输入
   D. 输出：算法必须至少有一个输出
5. 下列不属于算法基本特征的是（　　）。
   A. 有效性　　B. 确定性　　C. 有穷性　　D. 无限性
6. 下列选项中不属于结构化程序设计原则的是（　　）。
   A. 可封装　　B. 自顶向下　　C. 模块化　　D. 逐步求精
7. 以下叙述中错误的是（　　）。
   A. C 语言是一种结构化程序设计语言
   B. 结构化程序由顺序、分支、循环 3 种基本结构组成
   C. 使用 3 种基本结构构成的程序只能解决简单问题
   D. 结构化程序设计提倡模块化的设计方法
8. 以下描述中最适合用计算机编程来处理的问题是（　　）。
   A. 确定放学回家的路线
   B. 推测某个同学期中考试的各科成绩

C. 计算100以内的奇数平方和

D. 在网上查找自己喜欢的歌曲

9. 结构化程序设计由3种基本结构组成,下面不属于这3种基本结构的是(　　)。

A. 顺序结构　　B. 输入/输出结构

C. 选择结构　　D. 循环结构

10. 穷举法的适用范围是(　　)。

A. 一切问题　　B. 解的个数极多的问题

C. 解的个数有限且可一一列举　　D. 不适合设计算法

11. 模块化程序设计方法反映了结构化程序设计(　　)的基本思想。

A. 自顶而下、逐步求精　　B. 面向对象

C. 自定义函数、过程　　D. 可视化编程

12. 以下不属于算法的描述方法的是(　　)。

A. 流程图　　B. N-S流程图

C. 自然语言　　D. 函数

13. 以下关于结构化程序设计的叙述中正确的是(　　)。

A. 由三种基本结构构成的程序只能解决小规模的问题

B. 结构化程序使用goto语句会很便捷

C. 一个结构化程序必须同时由顺序、分支、循环三种结构组成

D. 在C语言中,程序的模块化是利用函数实现的

14. 以下叙述中正确的是(　　)。

A. 结构化程序必须包含所有三种基本结构,缺一不可

B. 在C语言程序设计中,所有函数必须保存在一个源文件中

C. 只要包含三种基本结构的算法就是结构化程序

D. 在算法设计时,可以把复杂任务分解成一些简单的子任务

15. C语言主要是借助以下哪个功能来实现程序模块化?(　　)

A. 定义函数　　B. 定义符号常量和全局变量

C. 三种基本结构语句　　D. 丰富的数据类型

参考答案:BCDCD　ACCBC　ADDDA

二、简答题

1. 什么是算法?算法的特点是什么?

算法:**算法**就是解决某个问题或处理某件事的方法和步骤,在这里所讲的**算法**专指用计算机解决某一问题的方法和步骤。

算法的特点:

(1) 有穷性。人们编制算法的目的就是要解决问题,若该算法无法在一个有限合理的时间内完成问题的求解,那么算法也就失去了其原有的目的,人们就会摒弃它。而且人们研究算法,其目的还在于它的高效率,即解决同一个问题的两个算法,人们往往选择其中那个运行效率高的。

(2) 确定性。所谓算法的确定性是指算法的每一个步骤都应该确切无误，没有歧义性。

(3) 有零个或多个输入。执行算法时，有时需要外界提供某些数据，帮助算法的执行。一个算法可以没有输入，也可以有多个输入。例如，求解 N!，该算法就需要输入一个数据 N；而求解两数之和，该算法需要输入两个数据。

(4) 有一个或多个输出。算法的目的是求解，解就是结果，就是输出，否则毫无意义。

(5) 有效性。算法中的每一步都应该能有效地执行，可以实现，执行算法最后应该能得到确定的结果。

2. 结构化程序设计的 3 种基本结构是什么？其共同特点是什么？

结构化程序设计的 3 种基本结构：顺序、选择、循环。

其共同特点：只有单一的入口和单一的出口；结构中的每个部分都有执行到的可能；结构内不存在永不终止的死循环。

3. 尝试用自然语言、流程图、N-S 流程图或伪代码写出下面问题的求解算法。

(1) 根据三边，求三角形的周长和面积。

(2) 判断用户输入的一个整数是奇数还是偶数。

(3) 求解一元二次方程 $ax^2+bx+c=0$ 的根。

(4) 找出 10 个数据中的最大数。

(5) 将 20 个考生中成绩不及格者的分数打印出来。

(6) 求 $S=1+2+3+4+\cdots+100$。

解：略

第 3 章　数据类型及其运算

一、选择题

1. 若有语句“char w; int x; float y;”,则表达式 w×x+3.14−y 值的数据类型是(　　)。

A. float　　B. char　　C. int　　D. double

2. 假设所有变量均为整型,则表达式(a=2,b=5,b++,++a+b)的值是(　　)。

A. 7　　B. 8　　C. 9　　D. 2

3. sizeof(float)是(　　)。

A. 一个单精度型表达式　　B. 一个整型表达式

C. 一个函数调用　　D. 一个不合法的表达式

4. 执行语句“x=(a=3,b=a−−);”后,x、a、b 的值依次为(　　)。

A. 3、3、2　　B. 2、3、2　　C. 3、2、3　　D. 2、3、3

5. 已知 letter 是 ASCII 字符变量(取值 0～127),下面有问题的赋值语句是(　　)。

A. letter='m'+'n';　　B. letter='\0';

C. letter='1'+'2';　　D. letter=4+5;

6. 假设已有定义“int a=6,b=7,c=8;”,则执行语句“c=(a/4)+(b=5);”后,变量 b 的值是(　　)。

A. 7　　B. 3　　C. 5　　D. 4

7. 下列定义中不正确的是(　　)。

A. int i,j;　　B. int i=2,j=3;　　C. int i=j=2;　　D. int i;int j;

8. 若变量 a、i 已正确定义,且 i 已正确赋值,合法的语句是(　　)。

A. a==1　　B. ++i;　　C. a=a++=5;　　D. a=int(i)

9. 在 C 语言中,char 型数据在内存中的存储形式是(　　)。

A. 补码　　B. 反码　　C. ASCII 码　　D. 原码

10. 若有定义“int a=7;float x=2.5,y=4.7;”,则表达式“x+a%3 * (int)(x+y)%2/4”的值是(　　)。

A. 2.500000　　B. 2.750000　　C. 3.500000　　D. 0.000000

11. 以下关于 C 语言用户标识符的叙述正确的是(　　)。

A. 用户标识符中可以出现下画线(_),但不可以放在用户标识符的开头

B. 用户标识符中不可以出现中画线(减号−),但可以出现下画线(_)

C. 用户标识符中可以出现下画线(_)与中画线(减号−)

D. 用户标识符中可以出现下画线(_)和数字,它们都可以放在用户标识符的开头

12. 在下列符号中,属于 C 语言合法标识符的是(　　)。

A. _123　　B. if　　C. a−2　　D. 123

13. 以下选项中合法的 C 语言字符常量是(　　)。

A. '\128'　　B. 'ab'　　C. "a"　　D. '\x43'

14. 在 C 语言 Win-TC 系统中,设 int 型数据占两字节,则 char、long、float、double 类型数据所占的字节数分别是(　　)。

A. 1、2、4、8　　B. 1、4、2、8　　C. 1、4、4、8　　D. 1、4、8、8

15. 在 C 语言中,要求运算数必须是整型的运算符是(　　)。

A. /　　B. ++　　C. !=　　D. %

16. 设以下变量均为 int 型,表达式的值不为 7 的是(　　)。

A. (x=y=6,x+y,x+1)　　B. (x=y=6,x+y,y+1)

C. (x=6,x+1,y=6,x+y)　　D. (y=6,1+y,x=y,x+1)

17. 已知 x、y、z 均为整型变量,且值均为 1,则执行语句"++x||++y&&++z;"后,表达式"x+y"的值为(　　)。

A. 4　　B. 3　　C. 2　　D. 1

18. 在下面 4 个选项中,均是合法整型常量的是(　　)。

A. 160	B. -0xcdf	C. -01	D. -0x48a
-0xffff	01a	986,012	2e5
011	0xe	0668	0x

19. 在下面 4 个选项中,均是不合法的转义符的是(　　)。

A. '\"'	B. '\1011'	C. '\011'	D. '\abc'
'\\'	'\'	'\f'	'\101'
'xf'	'\A'	'\}'	'x1f'

20. 下面不正确的字符串常量是(　　)。

A. 'abc'　　B. "12'12"　　C. "0"　　D. " "

21. 以下选项中不合法的用户标识符是(　　)。

A. abc.c　　B. file　　C. Main　　D. PRINT

22. 若有定义"char s='\092';",则该语句(　　)。

A. 使 s 的值包含一个字符　　B. 定义不合法,s 的值不确定

C. 使 s 的值包含 4 个字符　　D. 使 s 的值包含 3 个字符

23. 已知字母 A 的 ASCII 码为十进制数 65,且 c2 为字符型,则执行语句"c2='A'+'6'-'3'"后,c2 中的值为(　　)。

A. D　　B. 68　　C. 不确定　　D. C

24. 若有定义"int k=7,x=12;",则能使值为 3 的表达式是(　　)。

A. x%=(k%=5)　　B. x%=(k-k%5)

C. x%=k-k%5　　D. (x%=k)-(k%=5)

25. 已知各变量的类型说明为"int i=8,k,a,b;double x=1.42,y=5.2;",则以下符合 C 语言语法的表达式是(　　)。

A. a+=a-=(b=4)*(a=3)　　B. a=a*3=2

C. x%(-3)　　D. y=float(i)

26. 以下每个选项都代表一个常量,其中不正确的实型常量是(　　)。

A. 2.607E-1　　B. 0.8103e 2　　C. -77.77　　D. 45.6e-2

27. (　　)是C语言提供的合法的数据类型关键字。

A. Float　　B. signed　　C. integer　　D. Char

28. 若有说明语句“char c='\72';”,则变量c(　　)。

A. 包含一个字符　　B. 包含两个字符

C. 包含3个字符　　D. 说明不合法,c的值不确定

29. 设X、Y、Z都是int型变量,且“x=2, y=3, z=4,”,则下面表达式中值为0的表达式是(　　)。

A. 'x'&&'z'　　B. (!y==1)&&(!z==0)

C. (x<y)&&!z||1　　D. x||y+y&&z-y

30. 设“a=2,b=3,c=4,”,则表达式“a+b>c&&b==c&&a||b+c&&b+c”的值为(　　)。

A. 5　　B. 8　　C. 0　　D. 1

31. 以下符合C语言语法的赋值表达式是(　　)。

A. d=9+e+f=d+9　　B. d=9+e,f=d+9

C. d=9+e,e++,d+9　　D. d=9+e++=d+7

32. 下列能正确输入字符数组a的语句是(　　)。

A. scanf("%s",a);　　B. scanf("%s",&a);

C. scanf("%c",a);　　D. 循环执行scanf("%c",a[i]);

33. 在Win-TC中(int占两字节)“int i=65536; printf("%d\n",i);”的输出结果是(　　)。

A. 65536　　B. 0

C. 有语法错误,无输出结果　　D. -1

34. “printf("%d\n",strlen("ATS\n012\1\\"));”的输出结果是(　　)。

A. 11　　B. 12　　C. 9　　D. 8

35. 设有变量定义“int i=8,k ,a,b ; double x=1,y=5.2;”,则以下符合C语言语法的表达式是(　　)。

A. a+=a-=(b=4)*(a=3)　　B. x%(-3);

C. a=a*3=2　　D. y=float(i)

36. 在16位C编译系统上,若定义“long a;”,则能给a赋40000的正确语句是(　　)。

A. a=20000+20000;　　B. a=4000*10;

C. a=30000+10000;　　D. a=4000L*10L;

参考答案:DCBCA　CCBCA　BADCD　CBABA　ABADA　BBABD　BABCA　D

【二维码:第3章　选择题提升】*xt-03——第3章　选择题提升.docx

二、读程序写出运行结果

1.
```
#include <stdio.h>
int main(void)
{   int i,m,n=2;
    i=7; m=++i; n+=i--;
    printf("%d,%d,%d\n",i,m,n);
}
```

参考答案：

7,8,10

2.
```
#include <stdio.h>
void main()
{   int a=2,b=3,i;
    i=7;  printf("%d,%d\n",--a,b++);
}
```

参考答案：

1,3

3.
```
int main(void)
{   int a=70,b=141;
    float f=12.6;
    a=a-'A'+'0';
    b/=2;
    printf("%c %c\n",a,b);
    printf("(int)f=%d, %5.2f\n",(int)(f),f);
}
```

参考答案：

```
5 F
(int)f=12, 12.60
```

4.
```
#include <stdio.h>                  /*位操作详见配套教材第13章*/
int main(void)
{   int a=37,b=28;                  //100101   011100
    printf("%d ",a&b);              //000100
    printf("%d ",a|b);              //111101
    printf("%d ",a^b);              //111001
    printf("%d ",a>>2);             //00001001
    printf("%d\n",b<<2);            //01110000
}
```

参考答案：

4 61 57 9 112

5.
```
#include<stdio.h>
int main(void)
{   int j,j1,j2,i=3;
    j1=(i++ * ++i); j2=(i-- * --i);
    j=(i++ * ++i+i-- * --i);
    printf("%d %d\n",j1,j2); printf("%d %d\n",j,i);
}
```

参考答案：

VC：16 16　　Win-TC：16 16

```
25 3                18 3
```

6. 假设x和y都为double型,则表达式 x=2, y=x+3/2 的值为:________。

参考答案:

```
3.000000
```

7. 假设计算机内用两字节表示一个整型数据,则-6为:________。

参考答案:

```
1111111111111010
```

8. 下列程序的输出结果为:________。

```
int main(void)
{  int a=-1,b=4,k;
   k=(++a<0) && !(b--<=0);
   j=(i++ * ++i+i-- * --i);
   printf("%d%d%d \n",k,a,b); return 0;
}
```

参考答案:004

三、编程题

1. 求表达式"3.5+(int)(8/3*(3.5+6.7)/2)%4"的值。

2. 将数学公式$\frac{\sin(\sqrt{x^2})}{a \cdot b}$转换成C语言表达式。

3. 设整型变量x、y、z均为3,则执行"x-=y-x"后,x等于多少?执行"x%=y+z"后,x等于多少?

4. 若有"char x=32,y=3;",则表达式"~x&y"的值为多少?

5. 定义一个字符型变量,并赋一个初始字符,然后输出该字符及其ASCII码值。

6. 输入一个华氏温度,要求输出摄氏温度。其公式为C=5/9(F-32),结果取两位小数。

7. 计算$e^{3.1415926}$的值,精确到6位小数(e_X库函数为exp(x))。

参考答案:

1. (sin(sqrt(x*x)))/(a*b)
2. 5.5
3. 3　3
4. 3
5.
```
#include <stdio.h>
int main(void)
{    char c;
     c='a';                                   /*若输入,本行可改为"c=getchar();"*/
     printf("%c\n",c);
     printf("%d\n",c);
```

```
}
```

6.
```
#include <stdio.h>
int main(void)
{   float C,F;
    printf("请输入一个华氏温度(F):");
    scanf("%f",&F);
    C=(5.0/9)*(F-32);
    printf("摄氏温度(C)=%5.2f\n",C);      //%5.2f表示总长5位,小数两位
    return 0;
}
```

7.
```
#include <stdio.h>
#include <math.h>
int main(void)
{   float a;
    a=exp(3.1415926);
    printf("%f\n",a);
    return 0;
}
```

第 4 章 顺序结构程序设计

一、选择题

1. 用函数从终端输出一个字符，可以使用(　　)函数。

A. getchar()　　B. putchar()　　C. gets()　　D. puts()

2. 输出长整型的数值，需要用格式符(　　)。

A. %d　　B. %ld　　C. %f　　D. %c

3. 设 x、y 为整型变量，z 为双精度变量，以下不合法的 scanf()函数调用语句是(　　)。

A. scanf("%d%lx,%le",&x,&y,&z);

B. scanf("%3d%d,%lf",&x,&y,&z);

C. scanf("%x%o%5.2f",&x,&y,&z);

D. scanf("%d% * d,%o",&x,&y,&z);

4. 设 a、b 为 float 型变量，以下不合法的赋值表达式是(　　)。

A. --a　　B. b=(a%4)/5　　C. a * =b+9　　D. a=b==10

5. 以下程序的输出结果是(　　)。

```
#include <stdio.h>
int main(void)
{ printf("%d\n",NULL); }
```

A. 不确定　　B. -1　　C. 0　　D. 1

6. 设变量已正确说明为 float 型，若要通过语句“scanf("%f%f%f",&a,&b,&c);”给 a 赋值 10.0、b 赋值 22.0、c 赋值 33.0，下列输入形式不正确的是(　　)。

A. 10<Enter>22<Enter>33<Enter>

B. 10.0,22.0,33.0<Enter>

C. 10.0<Enter>22.0 33.0<Enter>

D. 10 22<Enter>33<Enter>

7. 设有下列程序：

```
#include <stdio.h>
int main(void)
{   int a; float b,c;
    scanf("%2d%3f%4f",&a,&b,&c);
    printf("\na=%d,b=%f,c=%f\n",a,b,c);
}
```

若程序运行时从键盘输入 9876543210<Enter>，则上面程序的输出结果是(　　)。

A. a=98,b=765,c=432

B. a=10,b=432,c=8765

C. a=98,b=765.000000,c=4321.000000

D. a=98,b=765.0,c=4321.0

8. 若变量都已正确定义,则以下程序段的输出是(　　)。

```
a=50;b=10;c=30;
if (a>b) a=b,b=c;
c=a;
printf("a=%db=%dc=%d\n",a,b,c);
```

A. a=10 b=30 c=10　　B. a=10 b=50 c=10

C. a=50 b=30 c=10　　D. a=50 b=30 c=50

9. 以下程序运行后的输出结果是(　　)。

```
#include <stdio.h>
int main(void)
{   unsigned short a;
    short b=-1;
    a=b;
    printf("%u",a);
}
```

A. −1　　B. 65535　　C. 32767　　D. −32768

10. 若k为int型变量,则以下语句(　　)。

```
k=8567; printf("|%-6d|\n",k);
```

A. 输出格式描述不合法　　B. 输出为|008567|

C. 输出为|8567　|　　D. 输出为|−08567|

11. 以下程序的输出结果是(　　)。

```
int main(void)
{   int i1=20,i2=50;
    printf("i1=%%d,i2=%%d\n",i1,i2);
}
```

A. i1=%20,i2=%50　　B. i1=20,i2=50

C. i1=%%d,i2=%%d　　D. i1=%d,i2=%d

12. 以下程序的输出结果是(　　)。

```
int main(void)
{   int i1,i2,i3=241;
    i1=i3/100%8; i2=(-1)&&(-2);
    printf("%d,%d\n",i1,i2);
}
```

A. 6,1　　B. 6,0　　C. 2,1　　D. 2,0

13. 以下程序的输出结果是(　　)。

```
int main(void)
```

```
{  int i; printf("%d\n",(i=3*5,i*4,i+5)); }
```

A. 65　　B. 20　　C. 15　　D. 10

14. 以下程序的输出结果是(　　)。

```
int main(void)
{   char c1='6',c2='0';
    printf("%c,%c,%d,%d\n",c1,c2,c1-c2,c1+c2);
}
```

A. 6,0,7,6　　B. 6,0,6,60　　C. 输出出错信息　　D. 6,0,6,102

15. 设有以下程序:

```
int main(void)
{   int m,n,p;
    scanf("%d%d%d",&m,&n,&p);
    printf("m+n+p=%d\n",m+n+p);
}
```

当从键盘上输入数据"2,3,4<Enter>"时,正确的输出结果是(　　)。

A. m＋n＋p＝9　　B. m＋n＋p＝5

C. m＋n＝7　　D. 不确定值

16. 下面程序在 VC++ 6.0 中的输出结果为(　　),VC++ 2010 中的输出结果为(　　),在 Win-TC 中的输出结果为(　　)。

```
int i=2;
printf("%d%d%d",i*2,++i,i++);
printf("\n%d\n",i);
```

A. 842
8　　B. 882
8　　C. 445
5　　D. 632
7

参考答案:BBCBC　BCABC　DCBDD (D、B、A)

【二维码:第4章　选择题提升】:＊xt-04——第4章　选择题提升.docx

二、读程序写出运行结果

1. 已有定义"double x＝2.5,y＝4.6;",则表达式"(int)x＊0.5"的值是________,表达式"y＋＝x＋＋"的值是________。

参考答案:

```
1.000000  7.100000
```

2.
```
int main(void)
{   int x; float y=3.4567;
    x=100*y;
    y=(int)(y*100+0.5)/100.0;
    printf("x=%d,y=%f \n",x,y);
}
```

参考答案：

```
x=345  y=3.460000
```

3.
```
int main(void)
{   int a=1,b=3,temp;
    printf("a=%d,b=%d\n",a,b);
    temp=a; a=b; b=temp;
    printf("a=%d,b=%d\n",a,b);
}
```

参考答案：

```
a=1,b=3
a=3,b=1
```

4. 若从键盘输入的数据为123456.78，输出结果是什么？

```
int main(void)
{   int a; float f;
    scanf("%3d%f",&a,&f);
    printf("a=%d,f=%.0f\n",a,f);
}
```

参考答案：

```
a=123,f=457
```

5. 从键盘输入一个除a、z以外的小写字母，写出下列程序的功能及运行结果。

```
#include <stdio.h>
int main(void)
{   char ch,ch1,ch2;
    scanf("%c",&ch);                    //输入 a、z 以外的小写字母
    ch1=ch-32-1;
    ch2=ch-32+1;
    printf("%3c%3c%3c\n",ch1,ch-32,ch2);
}
```

参考答案：
输出该字母前一个、该字母、该字母后一个的连续3个大写字母。

三、编程题

【二维码：第4章　编程题参考答案】：＊xt-04——第4章　编程题参考答案.docx

第 5 章　选择结构程序设计

一、选择题

1. 如果要判断 char 型变量 m 是否是数字字符，可以使用表达式（　　）。

A. m>=0&&m<=9　　B. m>='0' && m<='9'

C. m>="0" && m<="9"　　D. m>=0 and m<=9

2. 在 C 语言的 if 语句中，可以用来判断的表达式是（　　）。

A. 关系表达式　　B. 任意表达式　　C. 逻辑表达式　　D. 算术表达式

3. 为了避免嵌套的 if…else 语句的二义性，C 语言规定 else 总是和（　　）组成配对关系。

A. 缩排位置相同的 if　　B. 在其之前未配对的 if

C. 在其之前未配对的最近的 if　　D. 同一行上的 if

4. 设有定义“int a=1,b=2,c=3,d=4,m=2,n=2”，则执行表达式“(m=a>b) && (n=c>d)”后 n 的值为（　　）。

A. 0　　B. 2　　C. 3　　D. 4

5. 以下程序的输出是（　　）。

```
int main(void)
{   int x=2,y=-1,z=2;
    if (x<y) if (y<0) z=0;
    else z+=1;
    printf("%d\n",z);
}
```

A. 3　　B. 2　　C. 1　　D. 0

6. 若“a=0; b=0.5; x=0.3;”，则“a<=x<=b”的值为（　　）。

A. 1　　B. true

C. 表达式不正确　　D. 0

7. 对下面程序的语法进行分析，正确的说法是（　　）。

```
#include <stdio.h>
int main(void)
{   int a,b=1,c=2;
    a=b+c,a+b,c+3;
    c=(c) ?a++:b--;
    printf("c=%d/n",(a+b,c));
}
```

A. 第 5 行有语法错误　　B. 第 6 行有语法错误

C. 第 7 行有语法错误　　D. 无语法错误

8. 将整型变量 a、b 的较大数赋给整型变量 c，下列语句正确的是(　　)。

A. (a>b)? (c=a):c=b　　B. c=(a>b)? b:a

C. (a>b)? (c=a):(c=b)　　D. c=(a<b)? a:b

9. 逻辑运算符两侧运算对象的数据类型是(　　)。

A. 只是 0 或 1　　B. 只能是 0 或非 0 正数

C. 只能是整型或字符型数据　　D. 可以是任何合法的类型数据

10. 在下列运算符中，不属于关系运算符的是(　　)。

A. <　　B. >=　　C. !　　D. !=

11. 在下列运算符中，优先级最高的是(　　)。

A. ?:　　B. &&　　C. +　　D. !=

12. 下面能正确表示变量 x 在[-4,4]或(10,20)的表达式是(　　)。

A. -4<=x||x<=4||10<x||x<20

B. -4<=x&&x<=4||10<x&&x<20

C. (-4<=x||x<=4)&&(10<x||x<20)

D. -4<=x&&x<=4&&10<x&&x<20

13. 对于以下表达式，若 a=3、b=c=4，则变量 x、y 的值分别是(　　)。

```
x=(c>=b>=a)?1:0;     y=c>=b&&b>=a;
```

A. 0 1　　B. 1 1　　C. 0 0　　D. 1 0

14. 在 C 语言中，多分支选择结构语句为：

```
switch(表达式)
{    case 常量表达式 1: 语句 1;
     case 常量表达式 2: 语句 2;
     …
     case 常量表达式 k: 语句 k;
     default: 语句 k+1;
}
```

其中，switch 括号中表达式的类型(　　)。

A. 只能是整型　　B. 可以是任意类型

C. 可以是整型或字符型　　D. 可以是整型或实型

15. 执行以下程序后的输出结果是(　　)。

```
int main(void)
{    int a=4,b=5,c=5,x=5;
     a=a==(b-c); printf("%d ",a);
     if (x++>5) printf("%d\n",x);
     else printf("%d\n",x--);
}
```

A. 0 5　　B. 0 6　　C. 1 5　　D. 1 6

16. 以下程序的输出结果是(　　)。

```
int main(void)
```

```
{   int m=5;
    if(m++>5) printf("%d\n",m);
    else printf("%d\n",m--);
}
```

A. 7　　B. 6　　C. 5　　D. 4

17. 以下程序的输出结果是(　　)。

```
#include <stdio.h>
int main(void)
{   int i=0, j=0, a=6;
    if ((i++>0)&&(++j>0)) a++;
    printf ("i=%d, j=%d, a=%d\n", i,j,a);
}
```

A. i=1, j=0, a=6　　B. i=1, j=0, a=7

C. i=1, j=0, a=7　　D. i=0, j=1, a=7

18. 设有以下程序:

```
int main(void)
{   int a=2,b=-1,c=2;
    if(a<b)
        if(b<0) c=0;
    else c++;
    printf("%d\n",c);
}
```

该程序的输出结果是(　　)。

A. 0　　B. 1　　C. 2　　D. 3

19. 当"a=1,b=3,c=5,d=4"时,执行完下面一段程序后 x 的值是(　　)。

```
if(a<b)
if(c<d) x=1;
else
  if(a<c)
    if(b<d) x=2;
    else x=3;
  else x=6;
else x=7;
```

A. 1　　B. 2　　C. 3　　D. 6

20. 设有以下程序:

```
#include"stdio.h"
int main(void)
{   char i;
    for (; (i=getchar ())!='\n';)
    {   switch (i-'a')
```

```
        {   case 0: putchar (i);
            case 1: putchar (i+1);break;
            case 2: putchar (i+2);
            case 3: break;
            default:  putchar (i);break;
        }
    }
    printf ("\n");
}
```

输入下列 abcde<CR>(<CR>表示 Enter 键)数据后,程序的输出结果是(　　)。

A. abcde　　B. abcee　　C. abbde　　D. abccdd

21. 以下不是无限循环的语句为(　　)。

A. for(y=0,x=1;x>++y;x=i++) i=x;

B. for(; ;x++=i);

C. while(1){x++;}

D. for(i=10; ; i--) sum+=i;

22. 与“y=(x>0? 1:x<0? -1:0);”功能相同的 if 语句是(　　)。

A.
```
if (x>0) y=1;
else if(x<0)y=-1;
else y=0;
```

B.
```
if(x)
if(x>0)y=1;
else if(x<0)y=-1;
    else y=0;
```

C.
```
y=-1;
if(x)
    if(x>0)y=1;
    else if(x==0)y=0;
    else y=-1;
```

D.
```
y=0;
if(x>=0)
    if(x>0)y=1;
else y=-1;
```

23. 若有定义“float w; int a, b;”,则合法的 switch 语句是(　　)。

A.
```
switch(w)
{   case 1.0: printf(" * \n");
    case 2.0: printf("**\n");
}
```

B.
```
switch(a);
{   case 1 printf(" * \n");
    case 2 printf("**\n");
}
```

C.
```
switch(b)
{   case 1: printf(" * \n");
    default: printf("\n");
    case 1+2: printf("**\n");
}
```

D.
```
switch(a+b);
{   case 1: printf(" * \n");
    case 2: printf("**\n");
    default: printf("\n");
}
```

24. 下列程序段的运行结果是(　　)。

```
a=2;b=1;c=1;
while (a>b>c)
{ t=a;a=b;b=t;c--; }
```

```
printf("%d,%d,%d\n",a,b,c);
```

A. 1,2,0　　B. 2,1,0　　C. 1,2,1　　D. 2,1,1

25. 设有定义“int a=1,b=2,c=3;”,以下语句中执行效果与其他3个不同的是(　　)。

A. if (a>b) c=a,a=b,b=c;　　B. if (a>b) {c=a,a=b,b=c;}

C. if (a>b) c=a;a=b;b=c;　　D. if (a>b) {c=a;a=b;b=c;}

26. 执行以下程序后的输出结果是(　　)。

```
#include <stdio.h>
int main(void)
{   int a=4,b=5,c=5;
    a=b==c;
    printf("%d ",a);
    a=a==(b-c);
    printf("%d\n",a);
}
```

A. 5 0　　B. 5 1　　C. 1 0　　D. 1 1

27. 设x、y都是整型变量,下列if语句中不正确的是(　　)。

A. if(x>y);

B. if(x==y) x+=y;

C. if(x! =y) scanf("%d",&x) else x=1;

D. if(x);

28. 设a、b是两个变量,语句“printf("%d",(a=2)&&(b=-2));”的输出结果是(　　)。

A. 无输出　　B. 结果不确定　　C. -1　　D. 1

参考答案:BBCBB　DDCDC　CBACB　BACBB　AACDC　CCD

【二维码:第5章　选择题提升】:* xt-05——第5章　选择题提升.docx

二、读程序写出运行结果

1.
```
int main(void)
{   int a=2,b=3,c; c=a;
    if(a>b) c=1;
    else if(a==b) c=0;
    else c=-2;
    printf("%d\n",c);
}
```

参考答案:

```
-2
```

2.
```
int main(void)
{   int a=0;
    printf("%s",(a%2!=0)?"No":"Yes");
}
```

参考答案：

```
Yes
```

3.
```
int main(void)
{   int a,b,c; a=b=c=1;
    a+=b; b+=c; c+=a;
    printf("(1)%d\n",a>b?a:b);
    printf("(2)%d\n",a>c?a--:c++);
    (a>=b>=c)?printf("AA"):printf("CC");
    printf("\na=%d,b=%d,c=%d\n",a,b,c);
}
```

参考答案：

```
(1)2
(2)3
CC
a=2,b=2,c=4
```

4.
```
int main(void)
{   int a=2,b=7,c=5;
    switch(a>0)
    {   case 1: switch(b<0)
                {   case 1:printf("@");break;
                    case 2:printf("!");break;
                }
        case 0: switch(c==5)
                {   case 1:printf("*");break;
                    case 2:printf("#");break;
                    default:printf("#");break;
                }
        default: printf("&");
    }
}
```

参考答案：

```
*&
```

5.
```
int main(void)
{   int x,y=1,z;
    if(y!=0) x=5;
    printf("%d\n",x);
    if(y==0) x=4;
    else x=3;
    printf("%d\n",x);
    x=2;
    if (y<0)
```

```
        if (y>0) x=4;
        else x=5;
    printf("%d\n",x);
}
```

参考答案：

5

3

2

6. 以下程序的功能是输入三个整数，输出其中的最大数。请填空。

```
int main(void)
{  int a,b,c,n,m;
   scanf("%d%d%d",&a,&b,&c);
   if( ________)  n=a;        //参考答案:a>b
   else n=b;
   if (________ ) m=n;        //参考答案:n>c
   else m=c;
   printf("%d\n",m);
   return 0;
}
```

三、编程题

【二维码：第5章　编程题参考答案】： * **xt-05——第5章　编程题参考答案.docx**

第 6 章　循环结构程序设计

一、选择题

1. 下述循环的循环次数是(　　)。

```
int k=2;
while(k=0) printf("%d",k);
k--; printf("\n");
```

A. 无限次　　B. 0 次　　C. 一次　　D. 两次

2. 在下列选项中,没有构成死循环的程序段是(　　)。

A. int i=100;
　while(1){i=i%100+1;if(i>100) break;}

B. for(;;);

C. int k=1000;
　do{++k;} while(k>=10000);

D. int s=36;
　while(s); --s;

3. 下面程序的输出结果是(　　)。

```
int main(void)
{   int k=0; char c='A';
    do
    {   switch(c++)
        {   case 'A':k++;break;
            case 'B':k--;break;
            case 'C':k+=2;break;
            case 'D':k=k%2;break;
            case 'E':k=k*10;break;
            default:k=k/3;break;
        }
        k++;
    }while (c<'G');
    printf("k=%d\n",k);
}
```

A. k=3　　B. k=4　　C. k=2　　D. k=8

4. 程序段“int num=1;while(num<=3) printf("%d,", ++num);”的运行结果是(　　)。

A. 1,2　　B. 2,3　　C. 1,2,3　　D. 2,3,4

5. 下面程序段的运行结果是(　　)。

```
a=1,b=2,c=2;                                    //所有变量均为整型
while (a<b<c){t=a;a=b;b=t;c--;}
printf("%d,%d,%d",a,b,c);
```

A. 1,2,0　　B. 2,1,0　　C. 1,2,1　　D. 2,1,1

6. 设有以下程序段:

```
int n;float x,y,p,t;
scanf("%f",&x);
y=x;n=1; p=x;t=1;
do
{    p=-1*p*x*x;
     t=t*(2*n)*(2*n+1);
     y=y+p/t;
     n++;
}
while(fabs(p/t)>0.000001);
printf("%f\n",y);
```

运行该程序后所实现的数学运算式是(　　)。

A. $x-\frac{3x^3}{2}+\frac{5x^2}{4}-\frac{7x^7}{6}+\cdots$　　B. $x-\frac{x^3}{3!}+\frac{x^5}{5!}-\frac{x^7}{7!}+\cdots$

C. $x-\frac{x^3}{2!}+\frac{x^5}{3!}-\frac{x^7}{4!}+\cdots$　　D. $x-\frac{x^3}{3}+\frac{x^5}{5}-\frac{x^7}{7!}+\cdots$

7. 下列程序段在运行时,外层、中层和内层的循环次数分别为(　　)。

```
int a,b,c;
for(a=1;a<=3;a++)
{    for(b=1;b<=a;b++){
         for(c=b;c<=3;c++){;}
     }
}
```

A. 21 8 6　　B. 3 3 3　　C. 3 6 14　　D. 8 6 3

8. 下面不是死循环的语句为(　　)。

A. for(y=0,x=1;x>++y;x=i++);

B. for(;;x=++i);

C. while(1){x++;}

D. for(i=10;;i--) sum+=i;

9. 下面程序的运行结果是(　　)。

```
for(y=1;y<10;) y=((x=3*y,x+1),x-1);
printf("x=%d,y=%d",x,y);
```

A. x=27,y=27　　B. x=12,y=13

C. x＝15，y＝14　　　　D. x＝y＝27

10. 下列程序是求1～100的累加和，其中有3段程序能够完成规定的功能，有一段程序所完成的功能与其他程序不同，它是(　　)。

A. s＝0；i＝0；
　while(i＜100) s＋＝i＋＋；

B. s＝0；i＝0；
　while(i＋＋＜100) s＋＝i；

C. s＝0；i＝0；
　while(i＜100) s＋＝＋＋i；

D. s＝0；i＝0；
　while(＋＋i＜＝100) s＋＝i；

11. 设有以下程序：

```
int x=3;
do
    printf("%d\n",x-=2);
while(!--x);
```

该程序段的执行结果是(　　)。

A. 显示1　　　　B. 显示1和－2

C. 显示0　　　　D. 死循环

12. 下面有关for循环的描述正确的是(　　)。

A. for循环只能用于循环次数已经确定的情况

B. for是先执行循环体语句，后判断表达式

C. 在for循环中，不能用break语句跳出循环体

D. 在for循环的循环体语句中，可以包含多条语句，但必须用花括号{}括起来

13. 执行下面的程序后，a的值为(　　)。

```
int main(void)
{   int a,b;
    for(a=1,b=1;a<=100;a++)
    {   if(b>=20) break;
        if (b%3==1) {b+=3;continue; }
        b-=5;
    }
    printf("a=%d\n",a);
}
```

A. 7　　　　B. 8　　　　C. 9　　　　D. 10

14. 在C语言中，while和do…while循环的主要区别是(　　)。

A. do…while的循环体至少无条件执行一次

B. while循环比do…while循环的控制条件严格

C. do…while允许从外部转到循环体内

D. do…while的循环体不能是复合语句

15. 以下叙述正确的是(　　)。

A. continue语句的作用是结束整个循环的执行

B. 只能在循环体内和switch语句体内使用break语句

C. 在循环体内使用 break 和 continue 语句的作用相同

D. 从多层循环嵌套中退出只能使用 goto 语句

16. 下面程序的运行结果是(　　)。

```
#include <stdio.h>
int main(void)
{   int i,j,x=0;
    for(i=0;i<2;i++)
    {   x++;
        for(j=0;j<3;j++)
        {   if (j%2) continue;
            x++;
        }
        x++;
    }
    printf("x=%d\n",x);
}
```

A. x=4　　B. x=8　　C. x=6　　D. x=12

17. 设有以下程序:

```
#include <stdio.h>
int main(void)
{   int i,j,m=55;
    for(i=1;i<=3;i++)
        for(j=3;j<=i;j++) m=m%j;
    printf("%d\n",m);
}
```

程序的运行结果是(　　)。

A. 0　　B. 1　　C. 2　　D. 3

18. 执行语句"for(i=1;i++<5;);"后变量 i 的值是(　　)。

A. 4　　B. 5　　C. 6　　D. 不确定

参考答案:BCDDA　BCACA　BDBAB　BBC

【二维码:第6章　选择题提升】:* xt-06——第6章　选择题提升.docx

二、读程序写出运行结果

1. 执行下列程序段后的输出是________。

```
int x=1,y=1;
while(x<3) y+=x++;
printf("%d,%d",x,y);
```

参考答案:

```
3,4
```

2. 下列 for 循环语句执行的次数是________。

```
int i,x;
for(i=0,x=0;!x&&i<=5;i++);
```

参考答案：

6

3. 下列程序段的输出结果是________。

```
for(i=0;i<1;i+=1)
    for(j=2;j>0;j--) printf("#");
```

参考答案：

##

4. 执行下列程序段后的输出是________。

```
x=0;
while(x<3)
    for(;x<4;x++)
    {   printf("%d",x++);
        if(x<3) continue;
        else break;
        printf("%d",x);
    }
```

参考答案：

02

5. 设定义"int k=1,n=163;",执行下列程序段后,k 的值是________。

```
do
{  k*=n%10; n/=10;
} while(n);
```

参考答案：

18

6. 执行下列程序,输出结果是________。

```
int main(void)
{   int y=10;
    do{y--;} while(--y);
    printf("%d\n",++y);
}
```

参考答案：

1

7. 运行下列程序,输入 1 100 2 20 3 50 0 0,其输出结果为________。

```
#include <stdio.h>
int main(void)
{   int sum=0,a,b;
    do
    {   scanf("%d%d",&a,&b);
        switch(a)
        {   case 1: sum+=b;break;
            case 2: sum-=b;break;
        }
    }while(a!=0);
    printf("sum=%d\n",sum);
}
```

参考答案:

80

8. 下面程序的功能是________。

```
int main(void)
{   int m=0,n=0; char c;
    while ((c=getchar())!='\n')
    {   if (c>='A' && c<='Z') m++;          //可以改用库函数 if (isupper(c)) m++;
        if (c>='a' && c<='z') n++;          //可以改用库函数 if (islower(c)) n++;
    }
    printf("%d\n",m<n?n:m);
}
```

参考答案:

输出一行中含大写或小写字母个数的大数

9. 执行下列程序,输出结果是________。

```
#include <stdio.h>
int main(void)
{   int x=0,y=0,z;
    while(y<6) x+=++y;
    printf("Output1: %d %d\n",x,y);
    for(y=1;y<6;y++) x=y;
    printf("Output2: %d %d\n",x,y);
    for(y=1;y<6;)
    {   x=y++;
        z=++y;
    }
    printf("Output3: %d %d %d\n",x,y,z);
}
```

参考答案：

```
Output1: 21 6
Output2: 5 6
Output3: 5 7 7
```

10. 执行下列程序，输出结果是________。

```
#include <stdio.h>
int main(void)
{   int k=5,n=0;
    while(k>0)
    {
        switch(k)
        {   default:break;
            case 1:n+=k;
            case 2:
            case 3:n+=k;
        }
        k--;
    }
    printf("n=%d\n",n);
}
```

参考答案：

```
n=7
```

11. 阅读程序，写出下列循环的运行次数，并给出执行结果。

(1)
```
#include <math.h>
…
    int x,y;
    x=1;y=3;
    while (x <=20)
    {
        x=y%3+2*x-1;
        y=y+pow((-1.),(float)y);      //pow(x,y)函数返回 x 的 y 次方
    }
    printf("%d  %d\n",x,y);
…
```

参考答案：

5次

21 2

(2)
```
…
    int  a=2,b=10,c=1,i;
    for(i=c;i<2*b;i+=a)
```

```
        {   a+=2;
            i++;
            c *=2;
            if(a>=10) break;
            b-=3;
        }
        printf("%d %d %d %d\n",i, a, b, c);
    …
```

参考答案:

两次
13 6 4 4

(3) …

```
        int  a=10,b=0,i;
        for(i=5;i>=1;i-=2)
        {   do
            {   a=a-4;
                b=b+1;
            } while(b<=2&&a>=-1);
        }
        printf("%d %d %d\n",i, a, b);
    …
```

参考答案:

外循环 3 次,内循环累计 5 次
-1-10 5

(4) …

```
    int main(void)
    {   int  a=0,b=0,c=0,i,j,k;
        a=0; b=0; c=0;
        for(i=1;i<=2;i++)
            for(j=i;j<=2;j++)
            {
                for (k=1;k<=j;k++) a=a+1;
                b=b+a;
            }
        c=a+b;
        printf("%d\n", a+b+c);
    }
    …
```

参考答案:

外循环两次,内 2 层循环累计 3 次,内 3 层循环累计 5 次
28

12. 阅读以下程序,写出程序的功能。

```
...
    int x,i;
    scanf("%d",&x);
    i=2;printf("%d=",x);
    do{
        if (x%i==0)
        {
            if (x==i) printf("%d",i);
            else printf("%d*",i);
            x=x/i;
        }
        else i=i+1;
    }while(x>=i);
...
```

参考答案:

将输入的整数的因数输出

13. 程序代码填空:由键盘输入一个正整数,找出大于或等于该数的第一个素数。

```
...
    int p,x,flag=0;
    scanf("%d",&x);
    while(!flag)
    {
        p=2;flag=__(1)__;
        while(flag && (p <=(x/2)))
            if (x%p==0) flag=0;
            else__(2)__;
        if (!flag)__(3)__;
    }
    printf("%d",x);
...
```

参考答案:

(1) 1　　(2) p++　　(3) x++

14. 下列程序段的功能是:输出100以内能被3整除且个位数为6的所有整数。请填空。

```
int i,j;
for(i=0;________; i++)                //参考答案:i<10
{  j=i*10+6;
   if (________)  continue;            //参考答案:j%3!=0
   printf("%d",j);
}
```

15. 下列程序输出1～100的所有每位数字的积大于每位数字之和的整数,请填空。如25是符合要求的数,因为2×5>2+5。

```
int main(void)
{  int n,k=1,s=0,m;
   for(n=1;n<=100; n++)
   {  ________;                              //参考答案：k=1,s=0
      m=n;
      while (m!=0) {
         ________;                           //参考答案：k=k*(m%10) 或 k*=m%10
         ________;                           //参考答案：s+=m%10
         m=m/10;
      }
      if (k>s) printf("%d",n);
   }
   return 0;
}
```

16. 下列程序求Sn=a+aa+aaa+…+aaa…aa(n个a)的值,其中,a是一个1～9的数字。例如,a=3,n=6时,Sn=3+33+333+3333+33333+333333。请填空。

```
int main(void)
{  int a,n,count=1,sn=0,tn=0;   printf("请输入 a 和 n:\n");
   scanf("%d%d", &a,&n);
   while (count<=n)
   {
      ________;                              //参考答案：tn=10*tn+a
      sn+=tn;
      count++;
   }
   printf("结果=%d\n",sn);
   return 0;
}
```

17. 下面程序是将一个正整数分解质因素。例如,输入“36”,输出“36=2*2*3*3”。请填空。

```
int main(void)
{  int num,i=2,f=1;
   scanf("%d", &num);
   if (num>1) printf("%d=",num);
   else return -1;
   while (num>1)
   {  if (num %i==0)
      {  if (f)
         {  ________;                        //参考答案：f=0;
            printf("%d",i);
```

```
            }
            else
              ________;                              //参考答案：printf("*%d",i)
            num /=i;
        }
        else i++;
    }
    return 0;
}
```

18. 根据下式计算S的值，要求累加到最后一项的绝对值小于10^{-5}。请填空。

$$S=1-2/3+3/7-4/15+5/31-\cdots+(-1)^{n+1}n/(2^n-1)+\cdots$$

```
#include <math.h>
int main(void)
{  double s,w=1,f=1;
   int i=2;
     ________;                                 //参考答案：s=1.0;
   while (fabs(w)>=1e-5) {
      f=-f;
      w=f*i/ ________;                         //参考答案：(pow(2,i)-1)
      s+=w; i++;
   }
   printf("S=%.6lf \n",s);
   return 0;
}
```

19. 印度国王的奖励。相传古代印度国王要褒奖他的聪明能干的宰相达依尔，问他要什么？他说："陛下只要在国际象棋盘的第一个格子上放上一粒麦子，第二个格子放两粒麦子，以后每个格子的麦粒数按前一格的两倍计算，如果陛下按此法给我64格的麦粒，我就感激不尽，其他什么也不要了"。国王想，这还不容易，让人扛了一袋麦子，但很快用光了，再扛出一袋，还不够。请你为国王算一下共要给达依尔多少小麦(设1立方米小麦约1.4×10^8粒，设每袋麦子约有5 000 000粒)?

```
int main(void)
{  double sum=0,n=1; int i;
   for(i=1;i<=;i++)                            //参考答案：64
   {  sum+=;                                   //参考答案:n
      n*=2;
   }
   printf("%.le粒麦子≈%.0lf立方米麦子≈%.0lf袋麦子", sum, sum/1.4e8, sum/5e6);
}
```

说明：运行结果约要3.7万亿袋，显然印度国王是给不出这样的奖励的。

20. 执行下面程序时，输出结果是：________。

```
int i;
```

```
for (i=0;i<8;i++) printf("%d,",++i);printf("%d,",i++);
```

参考答案：

1, 3, 5, 7, 8

21. 执行下面程序时,输出结果是：________。

```
int n=0;
for (;n+4;n++)
    {if (n>5 && n%3==1) { printf("%d\n",ni); break; }
    printf("%d,",n++); }
```

参考答案：

0,2,4,6,8,10

22. 执行下面程序时,输出结果是：________。while 循环共执行了________次。

```
int main(void)
{  int n=0,sum=0;
   while (n++,n<20)
     {if (n==(n/2)*2) continue; sum+=n;}
   printf("%d\n",sum);
}
```

参考答案：

100　　20

23. 执行下面程序段时,输出结果是：________。

```
int m=0,n=14;
for (; m<2;m++)
{  for(;n>=0; n--,n--)
    if ((m+n) %3) {--n; printf("&%d",m+n); }
    else { n-=2; printf("*%d",m-n); }
  printf("%%");
}
```

参考答案：

&13&10&7&4&1%%

24. 有如下程序段。

```
int x,y; scanf("%d%d",&x,&y);
do {  x*=1.8; y/=3;
} while(y-x>=10);
```

将上述 do…while 循环程序段改写为：

(1) while 循环为：________

参考答案：

```
int x,y; scanf("%d%d",&x,&y);
x*=1.8; y/=3;
while(y-x>=10) {
   x*=1.8; y/=3;
};
```

(2) for 循环为：________

参考答案：

```
int x,y; scanf("%d%d",&x,&y);
for(x*=1.8; y/=3;y-x>=10;) {
   x*=1.8; y/=3;
};
```

三、编程题

【二维码：第 6 章　编程题参考答案】： *** xt-06——第 6 章　编程题参考答案.docx**

第7章　数组及其应用

一、选择题

1. 已定义“int i;char x[7];”,为了给x数组赋值,以下语句正确的是(　　)。

   A. x[7]="Hello!";

   B. x="Hello!";

   C. x[0]="Hello!";

   D. for(i=0;i<6;i++) x[i]=getchar();x[i]='\0';

2. 若有数组定义“char a[]="abcde";char b[]={'a','b','c','d','e'};”,则以下描述正确的是(　　)。

   A. a数组和b数组长度相同　　B. a数组长度大于b数组长度

   C. a数组长度小于b数组长度　　D. 两个数组中存放的内容完全相同

3. 若有定义“int i;int x[3][3]={2,3,4,5,6,7,8,9,10};”,则执行语句“for(i=0;i<3;i++)printf("%3d",x[i][2-i]);”的输出结果是(　　)。

   A. 2　5　8　　B. 2　6　10　　C. 4　6　8　　D. 4　7　10

4. 下列对二维数组a进行初始化正确的是(　　)。

   A. int a[2][3]={{1,2},{3,4},{5,6}};

   B. int a[][3]={1,2,3,4,5,6};

   C. int a[2][]={1,2,3,4,5,6};

   D. int a[2][]={{1,2},{3,4}};

5. 下列说法正确的是(　　)。

   A. 数组的下标可以是float类型

   B. 数组的元素的类型可以不同

   C. 区分数组的各个元素的方法是通过下标

   D. 初始化列表中初始值的个数多于数组元素的个数也是可以的

6. 若有定义“int a[][3]={1,2,3,4,5,6,7};”,则数组a的第一维大小是(　　)。

   A. 2　　B. 3　　C. 4　　D. 无确定值

7. 下面程序段的输出结果是(　　)。

```
char c[]="\t\v\\\0will\n";
printf("%d,%d",strlen(c),sizeof(c));
```

   A. 2,14　　B. 9,14　　C. 3,10　　D. 6,10

8. 阅读程序:

```
int main(void)
{   int a[2]={0},i,j,k=2;
    for(i=0;i<k;i++)
```

```
        for(j=0;j<k;j++) a[j]=a[i]+1;
    printf("%d\n",a[k-1]);
}
```

以上程序的输出结果是(　　)。

A. 1　　B. 3　　C. 2　　D. 不确定的值

9. 若定义数组并初始化“int a[10]={ 1,2,3,4}”,以下语句不成立的是(　　)。

A. a[8]的值为0　　B. a[9]的值为0　　C. a[3]的值为4　　D. a[1]的值为1

10. 设有数组定义“int a[5];”,则下列给数组元素赋值错误的是(　　)。

A. a[3]=93;　　B. scanf("%c",a[3]);

C. a[3]=getchar();　　D. a[3]='a'+3;

11. 若有定义“char str1[30],str2[30];”,则输出较大字符串的正确语句是(　　)。

A. if (strcmp(str1,str2)>0) printf("%s",str1);

B. if(str1>str2) printf("%s",str1);

C. if (strcmp(str1,str2)) printf("%s",str1);

D. if(strcmp(str1,str2)<0) printf("%s",str1);

12. 设有以下程序,程序运行后的输出结果是(　　)。

```
int main(void)
{   int aa[4][4]={{1,2,3,4},{5,6,7,8},{3,9,10,2},{4,2,9,6}},i,s=0;
    for(i=0;i<4;i++) s+=aa[i][1];
    printf("%d\n",s);
}
```

A. 11　　B. 19　　C. 13　　D. 20

13. 以下程序的输出结果为(　　)。

```
char str[15]="hello!"; printf("%d %d\n",strlen(str),sizeof(str));
```

A. 15 15　　B. 6 6　　C. 7 6　　D. 6 15

14. 设有以下程序,当输入为“happy!”时,程序运行后的输出结果是(　　)。

```
char str[14]={ "I am"}; strcat(str,"sad!");
scanf("%s",str); printf("%s",str);
```

A. I am sad!　　B. happy!　　C. I am happy!　　D. happy! sad!

15. 下列关于数组的描述错误的是(　　)。

A. 一个数组只允许存储同种类型的数据

B. 数组名是数组在内存中的首地址

C. 数据必须先定义,后使用

D. 如果在对数组进行初始化时,给定的数据元素个数比数组元素少,多余的数组元素自动初始化为最后一个给定元素的值

16. 若float型变量占用4B,有定义“float a[20]={1.1,2.1,3.1};”,则数组a在内存中所占的字节数是(　　)。

A. 12　　B. 20　　C. 40　　D. 80

17. 以下数组定义不正确的是(　　)。

A. int b[3][4];

B. int c[3][]={{1,2},{1,2,3},{4,5,6,7}};

C. int b[200][100]={0};

D. int c[][3]={{1,2,3},{4,5,6}};

18. 以下程序的输出结果是(　　)。

```
int main(void)
{    int a[3][3]={{1,2},{3,4},{5,6}},i,j,s=0;
     for(i=1;i<3;i++)
     for(j=0;j<=i;j++) s+=a[i][j];
     printf("%d",s);
}
```

A. 18　　B. 19　　C. 20　　D. 21

19. 以下数组定义合法的是(　　)。

A. int a[ ]="string";　　B. int a[5]={0,1,2,3,4,5};

C. char a="string";　　D. char a[ ]={'0','1','2','3'};

20. 在内存中,二维数组的存放顺序是(　　)。

A. 按行顺序　　B. 按列顺序

C. 按元素的大小　　D. 按元素被赋值的先后顺序

21. 设有以下程序(strcat 函数用于连接两个字符串):

```
#include<stdio.h>
#include<string.h>
int main(void)
{    char a[20]="ABCD\0EFG\0",b[]="UK";
     strcat(a,b); printf("%s\n",a);
}
```

程序运行后的输出结果是(　　)。

A. ABCDE\0FG\0UK　　B. ABCDUK

C. UK　　D. EFGUK

22. 若有定义"int a[2][3];",以下选项对 a 数组元素引用正确的是(　　)。

A. a[2][! 1]　　B. a[2][3]　　C. a[0][3]　　D. a[1>2][! 1.2]

23. 以下程序段正确的是(　　)。

A. char str1()="12345",str2()="123def";strcpy(str1, str2);

B. char str[10], * st="123de";strcat(str,st);

C. char str[10] =" ", * st="123de";strcat(str,st);

D. char * st1="12345", * st2="123de";strcat(st1, st2);

参考答案:DBCBC　BCBDB　ABDBD　DBADA　BDC

【二维码:第7章　选择题提升】: * **xt-07——第7章　选择题提升.docx**

二、读程序写出运行结果

1. 下面程序段的运行结果是________。

```
char str[20]="This is my book"; str[4]='\0';str[9]='\0';
printf("%d",strlen(str));
```

参考答案：

4

2. 下面程序段的运行结果是________。

```
char name[3][20]={ "Tony","Join","Mary"};
int m=0,k;
for(k=1;k<=2;k++) if (strcmp(name[k],name[m])>0) m=k;
puts(name[m]);
```

参考答案：

Tony

3. 若下列程序运行时输入“20 30 5 85 40”，则结果是________。

```
#define N 5
int main(void)
{   int a[N],max,min,sum,i;
    for(i=0;i<N;i++) scanf("%d",&a[i]);
    sum=max=min=a[0];
    for(i=1;i<N;i++)
    {   sum+=a[i];
        if (a[i]>max) max=a[i];
        if (a[i]<min) min=a[i];
    }
    printf("max=%d,min=%d,sum=%d,aver=%.2f",max,min,sum,
            (float)(sum-max-min)/(N-2));
}
```

参考答案：

max=85,min=5,sum=180,aver=30.00

4. 若下列程序运行时输入“abcefg $ &dabcdfg<Enter>”，结果是________。

```
#include <string.h>
int main(void)
{   char s[50]; int ct[26]={0},i,k;
    gets(s);
    for(i=0;s[i]!='\0';i++)
      if (s[i]>='a' && s[i]<='z')
      {   k=s[i]-'a';
```

```
            ct[k]++;
        }
    for(i=0;i<26;i++) if (ct[i]>0) printf("%c=%d ",'a'+i,ct[i]);
}
```

参考答案:

a=2 b=2 c=2 d=2 e=1 f=2 g=2

5. 下面程序的运行结果是________。

```
int main(void)
{   int p[8]={11,12,13,14,15,16,17,18},i=0,j=0;
    while(i++<7) if (p[i]%2) j+=p[i];
    printf("j=%d\n",j);
}
```

参考答案:

j=45

6. 说出以下程序 a 和 b 的构成。

```
#include <stdio.h>
#include <string.h>
int main(void)
{   char str[80],a[8],b[81];
    int n,i,j=0,k=0;
    gets(str);
    n=strlen(str);
    for(i=0;i<n;i++)
    {
        if (i%2==0) a[j++]=str[i];
        if (i%3==0) b[k++]=str[i];
    }
    a[j]=b[k]='\0';
    puts(a);
    puts(b);
}
```

参考答案:

a 取偶数字符构成字符串,b 取隔 3 字符构成字符串

7. 写出以下程序运行的结果。

```
#include <stdio.h>
int main(void)
{   char s[]="12345678";
    int c[4]={0},k,i;
    for(k=0;s[k];k++)
```

```
    {   switch(s[k])
        {   case '1':i=0;break;
            case '2':i=1;break;
            case '3':i=2;break;
            case '4':i=3;break;
        }
        c[i]++;
    }
    for(k=0;k<4;k++)
      printf("%d",c[k]);
}
```

参考答案：

1115

三、编程题

【二维码：第 7 章　编程题参考答案】：＊xt-07——第 7 章　编程题参考答案.docx

第8章　函数及其应用

一、选择题

1. 若用数组名作为函数调用时的实参，则实际上传递给形参的是(　　)。
   A. 数组的第一个元素值　　B. 数组的首地址
   C. 数组中所有元素的值　　D. 数组元素的个数
2. 以下说法中不正确的是(　　)。
   A. 在不同的函数中可以使用相同名字的变量
   B. 函数形式变量参数是局部变量
   C. 在函数内定义的变量只在本函数范围内有效
   D. 在函数内的复合语句中定义的变量在本函数范围内有效
3. 在一个文件中定义的全局变量的作用域为(　　)。
   A. 本程序的全部范围
   B. 离定义该变量的位置最近的函数
   C. 函数内全部范围
   D. 从定义该变量的位置开始到本文件结束
4. 一个函数返回值的类型由(　　)。
   A. return 语句中的表达式类型决定
   B. 定义函数时所指定的函数类型决定
   C. 调用该函数的主调函数的类型决定
   D. 调用函数时临时指定
5. 以下对C语言函数的有关描述，正确的是(　　)。
   A. 调用函数时，只能把实参的值传送给形参，形参的值不能传送回实参
   B. 函数既可以嵌套定义又可以递归调用
   C. 函数必须有返回值，否则不能使用函数
   D. 程序中有调用关系的所有函数必须放在同一个源程序文件中
6. 以下说法不正确的是(　　)。
   A. 实参可以是常量、变量或表达式
   B. 形参可以是常量、变量或表达式
   C. 实参可以为任意类型
   D. 形参和实参类型不一致时以形参类型为准
7. 关于函数声明，以下说法不正确的是(　　)。
   A. 如果函数定义出现在函数调用之前，可以不加函数原型声明
   B. 若在所有函数定义之前，在函数外部已做了声明，则各个主调函数不必再做函数原型声明

C. 在调用函数之前,一定要声明函数原型,保证编译系统全面调用检查

D. 标准库不需要函数原型声明

8. 以下说法不正确的是(　　)。

A. 全局变量、静态变量的初值是在编译时指定的

B. 如果静态变量没有指定初值,则其初值为0

C. 如果局部变量没有指定初值,则其初值不确定

D. 函数中的静态变量在每次调用时,都会重新设置初值

9. C语言规定,程序中各函数之间(　　)。

A. 既允许直接递归调用,也允许间接递归调用

B. 不允许直接递归调用,也不允许间接递归调用

C. 允许直接递归调用,不允许间接递归调用

D. 不允许直接递归调用,允许间接递归调用

10. 下列函数定义不正确的是(　　)。

A.
```
int max()
{    int x=1,y=2,z;
     z=x>y? x:y;
}
```

B.
```
int max(int x, int y)
int x,y;
{    int z;
     z=x>y? x:y;
     return(z);
}
```

C.
```
int max(x,y)
{    int x=1,y=2,z;
     z=x>y? x:y;
return (z); }
```

D.
```
int max()
{}
```

11. 设函数 func()的定义形式为"void func(char ch,float x) {…}",则以下对函数func()的调用语句正确的是(　　)。

A. func("abc",3.0)　　B. t=func('A',10.5)

C. func('65',10.5)　　D. func(65,65)

12. 函数调用语句为"fun(fun1(a1,a2),(a3,a4),a5=x+y);",则函数 fun()含有实参的个数为(　　)。

A. 1　　B. 2　　C. 3　　D. 5

13. 若已定义的函数有返回值,则以上关于该函数调用的叙述错误的是(　　)。

A. 函数调用可以作为独立的语句存在

B. 函数调用可以出现在表达式中

C. 函数调用可以作为一个函数的实参

D. 函数调用可以作为一个函数的形参

14. 在函数调用过程中,如果函数 funa()调用了函数 funb(),函数 funb()又调用了函数funa(),则称为(　　)。

A. 函数的直接递归调用　　B. 函数的间接递归调用

C. 函数的循环调用　　D. C语言中不允许这样的调用

15. 凡是函数中未指定存储类型的局部变量,其隐含的存储类型为(　　)。

A. 自动(auto)　　B. 静态(static)

C. 外部(extern)　　D. 寄存器(register)

16. 若用数组作为函数调用的实参,传递给形参的是(　　)。

A. 数组第一个元素的值　　B. 数组的首地址

C. 数组中所有元素的值　　D. 数组元素的个数

17. 在C语言中调用一个函数,当形参是变量名时,实参和形参之间的数据传递是(　　)。

A. 单纯值传递

B. 单纯地址传递

C. 值传递和地址传递都有可能

D. 由实参传给形参,然后由形参传回给实参,即是双向传递

18. C语言程序由函数组成,以下说法正确的是(　　)。

A. 主函数可以在其他函数之前,函数内不可以嵌套定义函数

B. 主函数可以在其他函数之前,函数内可以嵌套定义函数

C. 主函数必须在其他函数之前,函数内不可以嵌套定义函数

D. 主函数必须在其他函数之前,函数内可以嵌套定义函数

19. 以下说法不正确的是(　　)。

A. 形式参数是局部变量

B. 不同的函数中可以使用相同名字的变量

C. 在主函数main中定义的变量在整个文件或程序中有效

D. 在一个函数内部,可以在复合语句中定义变量,这些变量只在本复合语句中有效

20. 被定义为void类型的函数,其含义是(　　)。

A. 调用函数后,被调用的函数不返回

B. 调用函数后,被调用的函数没有返回值

C. 调用函数后,被调用的函数的返回值为任意类型

D. 以上3种说法都是错误的

21. 在函数调用语句“f((x,y),(a,b,c),(1,2,3,4));”中,所含的实参个数是(　　)。

A. 1　　B. 2　　C. 3　　D. 4

22. 如果函数的首部省略了函数返回值的类型名,则函数被默认为(　　)。

A. void类型　　B. 空类型　　C. int类型　　D. char类型

23. 已有以下数组定义和f函数调用语句,则在f函数的说明中,对形参数组array的定义方式错误的是(　　)。

```
int a[3][4]; f(a);
```

A. f(int array[ ][6])　　B. f(int array[3][ ])

C. f(int array[ ][4])　　D. f(int array[2][5])

24. 下列说法中正确的是(　　)。

A. 调用函数时,实参变量与形参变量可以共用内存单元

B. 调用函数时,实参的个数、类型和顺序与形参可以不一致

C. 调用函数时,形参可以是表达式

D. 调用函数时,将为形参分配内存单元

25. 下列语句中不正确的是(　　)。

A. c=2 * max(a,b);

B. m=max(a,max(b,c));

C. printf("%d",max(a,b));

D. int max(int x,int max(int y,int z))

26. 若使用一维数组名作为函数实参,则以下说法正确的是(　　)。

A. 必须在被调函数中说明数组的大小

B. 实参数组与形参数组类型可以不匹配

C. 实参数组与形参数组的大小可以不一致

D. 实参数组名与形参数组名必须一致

27. 下列定义不正确的是(　　)。

A. #define PI 3.141592

B. #define S 345

C.
```
int max(x,y);
int x,y ;
{ }
```

D. char c;

28. 下列程序结构中不正确的是(　　)。

A.
```
int main(void)
{    float a,b,c;
     scanf("%f,%f",&a,&b);
     c=add(a,b);
     …
}
int add(float x,float y)
{…}
```

B.
```
int main(void)
{    float a,b,c;
     scanf("%f,%f",&a,&b);
     c=add(a,b);
     …
}
float add(float x,float y)
{…}
```

C.
```
float add(float x,float y);
int main(void)
{    float a,b,c;
     scanf("%f,%f",&a,&b);
     c=add(a,b);
     …
}
float add(float x,float y)
{…}
```

D.
```
float add(float x,float y)
{…}
int main(void)
{    float a,b,c;
     scanf("%f,%f",&a,&b);
     c=add(a,b);
…
}
```

29. 以下函数定义正确的是(　　)。

A.
```
double fun(int x,int y)
{ z=x+y; return z;}
```

B.
```
fun(int x,y)
{ int z; return z;}
```

C.
```
double fun(int x,int y);
{ int z; z=x+y; return z;}
```

D.
```
double fun(int x,int y)
{ double z; z=x+y; return z;}
```

30. C语言中规定简单变量作实参时,它和对应形参之间的数据传递方式是(　　)。

A. 地址传递

B. 单向值传递

C. 先由实参传给形参,再由形参传给实参

D. 用户可指定传递方式

31. 以下程序的输出结果是(　　)。

```
int power(int x,int y)
{   int i,p=1;
    for(i=y;i>0;i--) p=p*x;
    return p;
}
int main(void)
{   float a=2.6,b=3.4; int p;
    p=power(a,b);
    printf("%d\n",p);
}
```

A. 8　　B. 9　　C. 25　　D. 27

32. 下列程序段的运行结果为(　　)。

```
float f(int x)
{   x=x+3.6;
    return x;
}
int main(void)
{ printf("%.1f",f(2)); }
```

A. 6.0　　B. 5.0　　C. 5.6　　D. 以上都不对

33. 执行下列程序后，变量a的值应为(　　)。

```
int f(int x,int y)
{ return x*y; }
int main(void)
{   int a=2;
    a=f(f(a,a*a),f(a+a,a/3));
}
```

A. 0　　B. 2　　C. 8　　D. 16

34. 当全局变量和函数内部的局部变量同名时,则在函数内部(　　)。

A. 全局变量有效　　B. 局部变量有效

C. 全局变量与局部变量都有效　　D. 全局变量与局部变量都无效

35. 设在下面程序段中调用fun函数传送实参数组a和b:

```
int main(void)
{   char a[10],b[10];
    …
    fun(a,b);
```

```
        …
    }
```

则在 fun()函数头部,对形参定义不正确的是(　　)。

A. fun(char p[10], char q[10])　　B. fun(char a1[],char a2[])

C. fun(char a,b)　　D. fun(char a[9],char b[8])

36. 设有以下程序:

```
#include <stdio.h>
int f(int t[],int n);
int main(void)
{    int a[4]={1,2,3,4},s;
     s=f(a,4);
     printf("%d\n",s);
}
int f(int t[],int n)
{    if(n>0) return t[n-1]+f(t,n-1);
     else return 0;
}
```

程序运行后的输出结果是(　　)。

A. 4　　B. 10　　C. 9　　D. 6

37. 设有以下程序:

```
#include <stdio.h>
int fun()
{    static int x=1;
     x*=2;return x;
}
int main(void)
{    int i,s=1;
     for(i=1;i<=2;i++) s=fun();
     printf("%d\n",s);
}
```

程序运行后的输出结果是(　　)。

A. 4　　B. 10　　C. 9　　D. 6

38. 在C语言中,函数的默认存储类型是(　　)。

A. auto　　B. static　　C. extern　　D. 无存储类型

39. 在C语言中,若需某一变量只在本文件的所有函数中使用,则该变量的存储类型是(　　)。

A. extern　　B. register　　C. auto　　D. static

参考答案: BDDBA　BCDAC　DCDBA　BAACB　CCBDD　CCBDB　ABABC　BACD

【二维码:第8章　选择题提升】: * **xt-08——第8章　选择题提升.docx**

二、读程序写出运行结果

1.
```
#include <stdio.h>
f(int d[],int m)
{   int j,s=1;
    for(j=0;j<m;j++) s=s*d[j];
    return s;
}
int main(void)
{   int a,z[]={2,4,6,8,10};
    a=f(z,3);
    printf("a=%d\n",a);
}
```

参考答案:

a=48

2.
```
#include <stdio.h>
func(int a,int b)
{   static int m=1,i=2;
    i+=m+1;
    m=i+a+b;
    return (m);
}
int main(void)
{   int k=3,m=1,p;
    p=func(k,m);
    printf("%d,",p);
    p=func(k,m);
    printf("%d",p);
}
```

参考答案:

8,17

3. 若输入整数3、2、1,则下面程序的输出结果是________。

```
#include <stdio.h>
void sub(int n,int uu[])
{   int t;
    t=uu[n--];
    t+=3*uu[n];

    n=n++;
    if(t>=10)
    {
        uu[n++]=t/10;
        uu[n]=t%10;
    }
    else uu[n]=t;
}
int main(void)
{   int i,n,aa[10]={0,0,0,0,0,0};
    scanf("%d%d%d",&n,&aa[0],&aa[1]);
    for(i=1;i<n;i++) sub(i,aa);
    for(i=0;i<=n;i++) printf("%d",aa
    [i]);
    printf("\n");
}
```

参考答案:

2 7 2 1

4.
```
#include <stdio.h>
#include <string.h>
void fun(char str[][20],int n)
```

```
{   int i,j,k;  char s[20];
    for(i=0;i<n-1;i++)
    {   k=i;
        for(j=i+1;j<n;j++)
            if (strcmp(str[j],str[k])<0) k=j;
        strcpy(s,str[i]); strcpy(str[i],str[k]); strcpy(str[k],s);
    }
}
int main(void)
{   char str[6][20]={"PASCAL","BASIC","FORTRAN","C","COBOL","Smalltalk"};
int i;
    fun(str,6);
    for(i=0;i<6;i++) printf("%s  ",str[i]);
}
```

参考答案:

BASIC C COBOL FORTRAN PASCAL Smalltalk

5.
```
#define N 10
int merge(int a[],int b[],int c[],int m[][N+1])
{   int i=0,j,k;
    while((k=m[0][i])!=2)
    {   j=m[1][i];
        if(k==0) c[i]=a[j];
        else c[i]=b[j];
        i++;
    }
    return i;
}
int main(void)
{   int a[N]={1,3,5}, b[N]={2,4,6}, i,n,c[2*N];
    int m[2][N+1]={{0,1,0,1,0,1,2},{0,0,1,2,2,1,-1}};
    n=merge(a,b,c,m);
    printf("%d\n",n);
    for(i=0;i<n;i++)
    {   printf("%d",c[i]);
        if((i+1)%3==0) printf("\n");
    }
}
```

参考答案:

6
123
654

6. 以下函数的功能是计算 s=1+1/2!+1/3!+…+1/n!。请填空。

```
double fun(int n)
{   double s=0.0, fac=1.0;
    int i;
    for (i=1; i<=n; i++) {
        fac=________;                            //参考答案: fac/i
        s+=fac;
    }
    return s;
}
```

7. 以下函数是求 x 的 y 次幂(不用数学函数)。请填空。

```
double fun(double x,int y)
{   if (________) return 1.0;                    //参考答案:y==0
    else return   ________;                      //参考答案: x*fun(x,y-1)
}
```

8. 以下是求字符串长度的函数(功能同 strlen())。请填空。

```
int stringlen(char str[])
{   int n=0; while (________) ++n;               //参考答案:str[n] 或 str[n]!='\0'
    return (n) ;
}
int main(void)
{   char str[80];gets(str);
    printf("%d",________);                       //参考答案:stringlen(str)
}
```

9. 以下函数实现由主函数接收的八进制数字字符串转换为十进制整数。请填空。

```
int convert(char octs[])
{   int i,num=0,digit;
    for(i=0;octs[i]!=________; i++)              //参考答案: '\0'
    { digit=________; num=num*8+digit;}//参考答案: octs[i]-'0'
    return (num);
}
```

10. 函数 revstr(char s[])用于把字符串 s 置逆。请填空。

```
revstr(char s[])
{   int n,m; char c;
    gets(s); n=strlen(s);
    for(m=0;________; m++)                       //参考答案: m<n/2
    { c=s[m];s[m]=s[n-1-m];s[n-1-m]=c;}
    return (num);
}
```

11. 以下函数把 b 字符串连接到 a 字符串后面,并返回 a 新字符串的长度。请填空。

```
int strlink(char a[],char b[])
```

```
{   int n1=0,n2=0;
   while (a[n1]!=________) n1++;          //参考答案：'\0'
   for(n2=0;n2<strlen(b); n2++)
   {________;  n1++;}                     //参考答案：a[n1]=b[n2]
   return (n1);
}
```

12. 写出下列程序的运行结果 ________。

```
int main(void)
int x=30;
{  int x=10;
   { int x=20; printf("%d,", x);}
   printf("%d", x);
   return 0;
}
```

参考答案：

20, 10

13. 有以下程序。

```
void change(int k[]){ k[0]=k[5];}
int main(void)
{  int x[10]={1,2,3,4,5,6,7,8,9,10},n=0;
   while (n<=4) change(&x[n++]);
   for(n=0;n<5;n++) printf("%d",x[n]);
   printf("\n");
}
```

程序运行后的结果是：________。

参考答案：

678910

三、编程题

【二维码：第 8 章　编程题参考答案】：＊xt-08——第 8 章　编程题参考答案.docx

第 9 章　指针及其应用

一、选择题

1. 若有说明“int i,j=7,*p=&i;”,则与“i=j;”等价的语句是(　　)。

   A. i=*p;　　　B. *p=*&j;　　　C. i=&j;　　　D. i=**p;

2. 设已有定义“char *st="how are you";”,下列程序段正确的是(　　)。

   A. char a[11],*p;strcpy(p=a+1,&st[4]);

   B. char a[11]; strcpy(++a,st);

   C. char a[11];strcpy(a, st);

   D. char a[],*p;strcpy(p=&a[1],st+2);

3. 以下不能将 s 所指字符串正确复制到 t 所指存储空间的是(　　)。

   A. while(*t=*s){t++;s++;}

   B. for(i=0;t[i]=s[i];i++);

   C. do{*t++=*s++;}while(*s);

   D. for(i=0,j=0;t[i++]=s[j++];);

4. 若已定义“int a[]={2,3,4,5,6},*p=a+1;”,则 p[2]的值是(　　)。

   A. 无意义　　　B. 3　　　C. 4　　　D. 5

5. 设已定义“char s[]="ABCD";”,printf("%s",s+1)的输出值为(　　)。

   A. ABCD1　　　B. BCD　　　C. B　　　D. ABCD

6. 下面程序运行后的输出结果是(　　)。

```
#include <string.h>
int main(void)
{   char p1[10]="abc", *p2="ABC",str[50]="xyz";
    strcpy(str+2,strcat(p1,p2));
    printf("%s\n",str);
}
```

   A. xyzabcABC　　　B. zabcABC　　　C. yzabcABC　　　D. xyabcABC

7. 执行以下程序后,y 的值是(　　)。

```
int main(void)
{   int a[]={2,4,6,8,10}, y=1,x, *p; p=&a[1];
    for(x=0;x<3;x++) y+=*(p+x);
    printf("%d\n",y);
}
```

   A. 17　　　B. 18　　　C. 19　　　D. 20

8. 执行以下程序的输出结果是(　　)。

```
int main(void)
{   char a[]="programming",b[]="language", *p1, *p2; int i;
    p1=a;p2=b;
    for(i=0;i<7;i++) if(*(p1+i)==*(p2+i)) printf("%c",*(p1+i));
}
```

A. gm　　B. rg　　C. or　　D. ga

9. 执行以下程序的输出结果是(　　)。

```
#include <string.h>
int main(void)
{   char *p[10]={"abc","aabdfg","dcdbe","abbd","cd"};
    printf("%d\n",strlen(p[4]));
}
```

A. 2　　B. 3　　C. 4　　D. 5

10. 下面程序段运行后的输出结果是(　　)。

```
int a[][3]={1,2,3,4,5,6,7,8,9,10,11,12},(*p)[3]; p=a;
printf("%d\n",*(*(p+1)+2));
```

A. 3　　B. 4　　C. 6　　D. 7

11. 设已定义“int a,*p;”,下列赋值表达式正确的是(　　)。

A. *p=a　　B. p=*a　　C. *p=&a　　D. p=&a

12. 若已定义“int a[]={1,2,3,4},*p=a;”,则下面表达式中值不等于2的是(　　)。

A. *(++a)　　B. *(p+1)　　C. *(a+1)　　D. *(++p)

13. 在下面字符串的初始化或赋值操作中,错误的是(　　)。

A. char a[]="OK";　　B. char *a="OK";

C. char a[10];a="OK";　　D. char *a;a="OK";

14. 设已定义“char *ps[2]={"abc","1234"};”,则以下叙述中错误的是(　　)。

A. ps为指针变量,它指向一个长度为2的字符串数组

B. ps为指针数组,其两个元素分别存储字符串“abc”和“1234”的地址

C. ps[1][2]的值为'3'

D. *(ps[0]+1)的值为'b'

15. 以下程序运行后,输出结果是(　　)。

```
int main(void)
{   char *s="abcde";
    s+=2; printf("%ld\n",s);
}
```

A. cde　　B. 字符c的ASCII码值

C. 字符c的地址　　D. 出错

16. 设有以下函数定义:

```
int fun(char *s)
```

```
{   char *p=s;
    while(*p!='\0') p++;
    return(p-s);
}
```

如果在主程序中用“printf("%d\n",fun("goodbye"));”调用函数,则输出结果为(　　)。

A. 3　　B. 6　　C. 8　　D. 7

17. 若“int i,(*p)[3],a[][3]={1,2,3,4,5,6,7, 8,9,10,11,12}; p=a;”,则下列不能访问a数组元素的是(　　)。

A. *(*(a+i)+j)　　B. p[i][j]

C. (*(p+i))[j]　　D. p[i]+j

18. 若“int a[4][3]={1,2,3,4,5,6,7,8,9,10,11,12}; int (*prt)[3]=a, *p=a[0]”,则下列能够正确表示数组元素a[1][2]的表达式是(　　)。

A. *((*prt+1)[2])　　B. *(*(p+5))

C. (*prt+1)+2　　D. *(*(a+1)+2)

19. 在下列说明中,正确的是(　　)。

A. char *a="abcd";　　B. char *a,a="abcd";

C. char *a=b,b[5],c;　　D. char b[5],*b,c;

20. 若已定义“int a=5;”,下面对(1)和(2)两个语句的解释正确的是(　　)。

(1) int *p=&a;　(2) *p=a;

A. 语句(1)和(2)中的*p含义相同,都表示给指针变量p赋值

B. 语句(1)和(2)的执行结果相同,都是把变量a的地址赋给指针变量p

C. 语句(1)在对p进行说明的同时进行初始化,使p指向a;语句(2)将变量a的值赋给指针变量p

D. 语句(1)在对p进行说明的同时进行初始化,使p指向a;语句(2)将变量a的值赋给指针p所指向的对象

21. 若有语句“int *point,a=4;和point=&a;”,下面均代表地址的一组选项是(　　)。

A. a,point,*&a　　B. &*a,&a,*point

C. *&point,*point,&a　　D. &a,&*point,point

22. 若有说明“int *p,m=5,n;”,以下程序段正确的是(　　)。

A. p=&n;scanf("%d",&p);　　B. p=&n;scanf("%d",*p);

C. scanf("%d",&n);*p=n;　　D. p=&n;*p=m;

23. 设有语句“int a[]={1,2,3,4,5},*p,i;p=a;”,且$0\leqslant i<5$,则下列对数组元素地址的表示正确的是(　　)。

A. &(a+i)　　B. a++　　C. &p　　D. &p[i]

24. 设有语句“char str[]="Hello",*p;p=str;”,执行完上述语句后,*(p+5)的值是(　　)。

A. '0'　　B. '\0'　　C. 'o'的地址　　D. 不确定的值

25. 设有定义“int a=0,*p=&a,**q=&p;”,则下列赋值语句正确的是(　　)。

A. p=1　　B. *q=2　　C. q=p　　D. *p=5

26. 设有语句“int a[3][4],(*p)[4];p=a;”,则表达式*(p+1)等价于(　　)。

A. &a[0][1]　　B. a+1　　C. &a[1][0]　　D. a[1][0]

27. 以下程序运行后的输出结果是(　　)。

```
#include <stdio.h>
int main(void)
{   int a[]={1,2,3,4,5,6,7,8,9,10}, *p=a+3, *q=NULL;
    *q=*(p+3);
    printf("%d  %d", *p, *q);
}
```

A. 运行时报错　　B. 4　4　　C. 4　7　　D. 3　6

28. 以下程序运行后的输出结果是(　　)。

```
#include <stdio.h>
int main(void)
{   char str[][10]={"China","Beijing"}, *p=&str[0][0];
    printf("%s\n",p+10);
}
```

A. China　　B. Beijing　　C. ng　　D. ing

29. 若有说明“int *p1,*p2,m=5,n;”,以下均是正确赋值语句的选项是(　　)。

A. p1=&m;p2=&p1;　　B. p1=&m;p2=&n;*p1=*p2;

C. p1=&m;p2=p1;　　D. p1=&m; *p2=*p1;

30. 设“char *s="\ta\017bc";”,则指针变量s指向的字符串所占的字节数是(　　)。

A. 9　　B. 5　　C. 6　　D. 7

31. 若有说明语句“char a[]="It is mine";char *p="It is mine";”,则以下叙述不正确的是(　　)。

A. a+1表示的是字符t的地址

B. 当p指向另外的字符串时,字符串的长度不受限制

C. p变量中存放的是地址值,这个字符串地址值是可以改变的

D. a存放字符串时,只能存放10个有效字符

32. 若有说明“int c[4][5],(*p)[5];p=c;”,下列能正确引用c数组元素的是(　　)。

A. p+1　　B. *(p+3)

C. *(p+1)+3　　D. *(p[0]+2)

33. 程序中若有说明和定义语句:

```
char fun(char *);
int main(void)
{   char *s="one",a[5]={0},(*f1)()=fun,ch;
    …
}
```

则以下对函数fun的调用正确的是(　　)。

A. (*f1)(a)　　B. *f1(*s)　　C. fun(&a)　　D. ch=*f1(s)

34. 若定义数组 int a[10],下列语句不成立的是(　　)。

A. a 数组在内存中占有一个连续的存储区

B. a 代表 a 数组在内存中占有的存储区的首地址

C. *(a+1)与 a[1]代表的数组元素相同

D. a 是一个变量

35. 以下程序中 a、b 数组的大小分别为(　　)。

```
int main(void)
{   char a[2][5]={"1234","5678"}, *b[]={"1234","5678"},i,j;
    for(i=0;i<2;i++) printf("%s\n",a[i]);
    printf("\n\n");
    for(i=0;i<2;i++) printf("%s\n",b[i]);
    printf("\n\n%d  %d\n",sizeof(a),sizeof(b));
} //假设指针变量都占 4B
```

A. 10 8　　B. 8 8　　C. 8 10　　D. 10 10

36. 下面程序的输出为(　　)。

```
#include <stdio.h>
fun(char *s)
{   char t=*s;
    if(*s)
    {   s++;
        fun(s);
    }
    if(t!='\0') putchar(t);
}
int main(void)
{   char *a="1234";
    fun(a); printf("\n");
}
```

A. 1234　　B. 4321　　C. 1324　　D. 4231

37. 设有定义“char p[]={'1', '2','3'},*q=p;”,下列不能计算出一个 char 型数据所占字节数的表达式是(　　)。

A. sizeof(p)　　B. sizeof(char)　　C. sizeof(*q)　　D. sizeof(p[0])

38. 设有以下函数:

```
void fun(int n,char *s){…}
```

则下面对函数指针的定义和赋值均正确的是(　　)。

A. void (*pf)();pf=fun;　　B. void *pf();pf=fun;

C. void *pf(); *pf=fun;　　D. void (*pf)(int,char);pf=&fun;

39. 若有定义语句“char s[3][10],(*k)[3],*p;”,则以下赋值语句正确的是(　　)。

A. p=s;　　B. p=k;　　C. p=s[0];　　D. k=s;

40. 设有定义语句“int (*f)(int);”,则以下叙述正确的是(　　)。

A. f 是基类型为 int 的指针变量

B. f 是指向返回 int 值的函数的指针变量，该函数具有一个 int 类型的形参

C. f 是指向 int 类型的一维数组的指针变量

D. f 是函数名，该函数的返回值是基类型为 int 类型的地址

41. 设有定义“double a[10], * s=a;”，下列能够代表数组元素 a[3]的是(　　)。

A. (* s)[3]　　B. *(s+3)　　C. * s[3]　　D. * s+3

42. 在说明语句“int * f();”中，标识符 f 代表的是(　　)。

A. 一个用于指向整型数据的指针变量

B. 一个用于指向一维数组的行指针

C. 一个用于指向函数的指针变量

D. 一个返回值为指针型的函数名

43. 若有说明“int w[3][4]={{0,1},{2,4},{5,8}}; int(* p)[4]=w;”，则下列数值为 4 的表达式是(　　)。

A. * w[1]+1　　B. p++, *(p+1)

C. w[2][2]　　D. p[1][1]

44. 若有定义“char s[20]="programming", * ps=s;”，则下列不能代表字符 o 的表达式是(　　)。

A. ps+2　　B. s[2]　　C. ps[2]　　D. ps+=2, * ps

45. 若有定义“int a[4][10];”，则下列对数组元素 a[i][j](设 0≤i<4,0≤j<10)的应用错误的是(　　)。

A. *(&a[0][0]+10 * i+j)　　B. *(a+i)[j]

C. *(*(a+i)+j)　　D. *(a[i]+j)

参考答案：BACDB　DCDAC　DACAC　DDDAD　DDDBD　CABCC　CDADA　BAACB　BDDAB

【二维码：第 9 章　选择题提升】：* xt-09——第 9 章　选择题提升.docx

二、读程序写出运行结果

1. 有以下程序，其运行结果为________。

```
#include <stdio.h>
int fun(char p[][10])
{   int n=0,i;
    for(i=0;i<7;i++) if(p[i][0]=='T') n++;
    return n;
}
int main(void)
{   char str[][10]={"Mon","Tue","Wed","Thu","Fri","Sat","Sun"};
    printf("%d\n",fun(str));
}
```

参考答案：

2

2. 以下程序运行时输出结果的第一行是________,第二行是________。

```
#include <stdio.h>
int fun(int * x,int n)
{   int i,j;
    for(i=j=0;i<n;i++)
        if(* (x+i)%2) * (x+j++)= * (x+i);
    return j;
}
int main(void)
{   int a[10]=(1,5,2,3,8,3,9,7,4,10}; int n,i;
    n=fun(a,10);
    for(i=0;i<n;i++)
    {   printf("%5d",a[i]);
        if((i+1)%3==0) printf("\n");
    }
}
```

参考答案：

1 5 3
3 9 7

3. 以下程序运行时输出的结果是________。

```
#include <stdio.h>
int sub(int * s)
{   int t=0;
    * s+=1;
    t+= * s;
    return t;
}
int main(void)
{   int i;
    for(i=1;i<4;i++) printf("%4d",sub(&i));
}
```

参考答案：

2 4

4. 以下程序运行时输出的结果是________。

```
#include <stdio.h>
void ss(char * s,char t)
{   while(* s)
```

```
    {
        if(*s==t) *s=t-'a'+'A';  s++;
    }
}
int main(void)
{   char str1[100]="abcddfefdbd",c='d';
    ss(str1,c);
    printf("%s\n",str1);
}
```

参考答案：

abcDDfefDbD

5. 下面程序的运行结果是________。

```
#include <stdio.h>
int fun(int *t,int n)
{   int m;
    if(n==1) return t[0];
    else if (n>=2)
    {   m=fun(t,n-1)+t[n-1]; return m;  }
}
int main(void)
{   int a[]={11,4,6,3,8,2,3,5,9,2};
    printf("%d\n",fun(a,10));
}
```

参考答案：

53

6. 下面程序的运行结果是________。

```
int main(void)
{   char *p[10]={ "abc","123","xyz","56*78"};
    int ii[10]={1,2,3,4,5,6}, *ip[10]={&ii[0],&ii[1],&ii[2],&ii[3]};
    printf("%u  %u  %u\n",p,p+1,&p[0]);
    printf("%d  %s  %s   %s  %c\n",strlen(p[1]),p[1],p[2],*(p+1),(p+1)[2][2]);
    printf("\n%d  %d  %d  %d  %d\n",ip,ip+1,&ip[0],*(ip+1),&ii[1]);
    printf("%u %u  %d  %d \n",ip[1],ip[2],*ip[1],*ip[2]);
}
```

参考答案：

```
1245016  1245020  1245016
3  123  xyz   123  *

1244936  1244940  1244936  1244980  1244980
1244980 1244984  2  3
```

7. 写出以下程序运行的结果。

```
#include <stdio.h>
int * func(int i,int j)
{
    static int k;
    k=i+j;
    return &k;
}
int main(void)
{
    int *ptr=func(2,3);
    printf("%d ", *ptr);
    printf("%d\n", *func(3,5));
}
```

参考答案：

5 8

8. 写出以下程序运行的结果。

```
#include <stdio.h>
char* c[4]={"you can make statement","for the topic","the sentences","How
about"};
char **p[4]={c+3,c+2,c+1,c};
char ***pp=p;
int main(void)
{   printf("%s\n",**++pp);
    printf("%s\n", *(--(*(++pp)))+3);
    printf("%s\n", *pp[-2]+3);
    printf("%s\n",pp[-1][-1]+3);
}
```

参考答案：

```
the sentences
 can make statement
 about
 the topic
```

9. 下列程序的运行结果是：________。

```
int x, y, z;
void p(int *x,int y)
{  --*x; y++;
   z=*x+y;
}
int main(void)
{  x=5; y=2; z=0;
```

```
    p(&x,y); printf("%d,%d,%d#",x,y,z);
    p(&y,x); printf("%d,%d,%d",x,y,z); return 0;
}
```

参考答案：

```
4,2,7#4,1,6
```

10. 以下函数的功能是删除字符串 s 中的所有数字字符。请填空。

```
void del_num(char * s)
{  int n=0,i;
   for(i=0; s[i]; i++)
     if (_______) s[n++]=s[i];   //参考答案:s[i]>'9'||s[i]<'0'
   s[n]=_______ ;               //参考答案:'\0'
}
```

11. 下面程序的输出结果是：________ 。

```
int main(void)
{  char * p[]={"BOOK","AND","Y","PEN"}; int i;
   for(i=3;i>=0; i--,i--) printf("%c", * p[i]);
   printf("\n"); return 0;
}
```

参考答案：

```
PA
```

12. 下面程序的输出结果是：________。

```
char * ss(char * s)
{  char * p,t;
   p=s+1; t= * s;
   while ( * p) { * (p-1)= * p; p++;}
    * (p-1)=t;
   return s;
}
int main(void)
{  char * p,str[10]="abcdefgh";
   p=ss(str);
   printf("%s\n",p); return 0;
}
```

参考答案：

```
bcdefgha
```

13. 下面程序的功能是建立一个有 3 个节点的单向链表，然后求各个节点数值域 data 中数据之和。请填空。

```
#include <stdio.h>
#include <malloc.h>
struct NODE {int data; struct NODE * next; };
int main(void)
{  struct NODE * p, * q, * r;
   int sum=0;
   p=(struct NODE * ) malloc(sizeof(struct NODE));
   q=(struct NODE * ) malloc(sizeof(struct NODE));
   r=(struct NODE * ) malloc(sizeof(struct NODE));
   p->data=100; q->data=200; r->data=300;
   ________;________;________;
   sum=p->data+p->next->data+p->next->next ->data;
   printf("%d\n",sum); return 0;
}
```

参考答案:

```
p->next=q    q->next=r     r->next=NULL
```

14. 下面程序的输出结果是:________。

```
#include <stdio.h>
#include <malloc.h>
#include <math.h>
int main(void)
{  struct node{int x; struct node * next;} * p1, * p2=NULL;
   int a[5]={7,6,-5,28,1},i;
   for(i=0; i<5; i++) {
     if (abs(a[i]) %2 !=0) {
          p1=(struct node * ) malloc(sizeof(struct node));
          p1->x=a[i]; p1->next=p2; p2=p1; }
   }
   while (p1!=NULL) {
      printf("%d ",p1->x); p1=p1->next;
   }
   return 0;
}
```

参考答案:

1 -5 7

15. 运行程序给 s1、s2 分别输入 student、teacher,输出结果是:________。

```
char * strcat2(char * str1,char * str2)
{  char * t=str1;
   while ( * str1) str1++;
   while ( * str1++= * str2++);
   return t;
```

```
}
int main(void)
{  char s1[40],s2[20], * p1, * p2;
   gets(s1); gets(s2); p1=s1; p2=s2;
   printf("\n%s\n",strcat2(p1,p2));
   return 0;
}
```

参考答案:

student teacher

16. 下列程序的运行输出结果是: ________。

```
int main(void)
{  static int aa[3][3]={{2},{4},{6}},i, * p=&aa[0][0];
   for(i=0;i<2;i++) {
      if (i==0) aa[i][i+1]= * p+1;
      else ++p;
      printf("%d", * p);
   }
   printf("\n");return 0;
}
```

参考答案:

23

17. 下面程序的输出结果是: ________。

```
#include "ctype.h"
#include <stdio.h>
#include <string.h>

space(char * str)
{  int i,t;  char ts[81];
   for(i=0,t=0;str[i]!='\0';i+=2)
       if (!isspace( * str+i) && ( * (str+i)!='a'))
         ts[t++]=toupper(str[i]);
   ts[t]='\0';
   strcpy(str,ts);
}
int main(void)
{  char s[81]={"a b c d e f g"};
   space(s);
   printf("%s\n", s);
   return 0;
}
```

参考答案:

BCDEFG

18. 有以下程序,输出结果是:________。

```
point(char *p) {p+=3;}
int main(void)
{   char b[4]={ 'a', 'b', 'c', 'd'}, *p=b;
   point(p);
}
```

参考答案:

a

三、编程题

【二维码:第9章　编程题参考答案】: * xt-09——第9章　编程题参考答案.docx

第 10 章　自定义类型及其应用

一、选择题

1. 以下对结构体变量 stu1 中的成员 age 的非法引用是(　　)。

```
struct student { int age;int num;} stu1, * p; p=&stu1;
```

A. stu1.age　　B. student.age　　C. p->age　　D. (＊p).age

2. 设有定义"union data {int d1;float d2;} demo;",则下列叙述中错误的是(　　)。

A. 变量 demo 与成员 d2 所占内存的字节数相同

B. 变量 demo 中各成员的地址相同

C. 若给 demo.d1 赋 99,demo.d2 的值是 99.0

D. 变量 demo 和各成员的地址相同

3. 根据下面的定义,能打印出字母 M 的语句是(　　)。

```
struct person{ char name[9]; int age; }
struct person class[10]={ "John",17, "Paul",19, "Mary",18, "adam",16};
```

A. printf("%c",class[3].name[0]);　　B. printf("%c",class[3].name[1]);

C. printf("%c",class[2].name[1]);　　D. printf("%c",class[2].name[0]);

4. 若已经定义"struct student {int a,b;} stu;",则下列输入语句正确的是(　　)。

A. scanf("%d",&a);　　B. scanf("%d",&stu.a);

C. scanf("%d",&student.a);　　D. scanf("%d",&stu);

5. 已知学生记录描述为:

```
struct student
{   int no;
    char name[20];
    char sex;
    struct
    { int year; int month; int day;} birth;
};
struct student s;
```

设变量 s 中的"生日"是"1984 年 11 月 11 日",则下列对"生日"的赋值正确的是(　　)。

A. year=1984;month=11;day=11

B. s.birth.year=1984;s.birth.month=11;s.birth.day=11;

C. s.year=1984;s.month=11;s.day=11;

D. birth.year=1984; birth.month=11; birth.day=11;

6. 当说明一个共用体变量时,系统分配给它的内存是(　　)。

A. 各成员所需内存量的总和

B. 第一个成员所需的内存量

C. 成员中占内存量最大者所需内存量

D. 最后一个成员所需的内存量

7. 设有以下程序段,则 vu.a 的值为(　　)。

```
union u{ int a;int b;float c; } vu;
vu.a=1;vu.b=2;vu.c=3;
```

A. 1　　B. 2　　C. 3　　D. A、B、C 都不对

8. 以下程序的运行结果是(　　)。

```
int main(void)
{    union {long a; int b;char c;} m;
     printf("%d\n",sizeof(m));
}
```

A. 2　　B. 4　　C. 6　　D. 8

9. 若已经定义“typedef struct stu{int a,b;} student;”,则下列叙述正确的是(　　)。

A. stu 是结构体变量　　B. student 是结构体变量

C. student 是结构体类型　　D. stu 是结构体类型

10. 下列关于枚举类型 enum abc 的定义,正确的是(　　)。

A. enum abc{'a','b','c'}　　B. enum abc{"a","b","c"}

C. enum abc{int a,int b,int c}　　D. enum abc{a,b,c}

11. 设有以下语句:

```
struct st{ int n; struct st *next;};
struct st a[3]={5,&a[1],7,&a[2],9, '\0'}, *p;
p=&a[0];
```

则以下表达式的值为 6 的是(　　)。

A. p++->n　　B. p->n++　　C. (*p).n++　　D. ++p->n

12. 当定义一个结构体变量时,系统分配给它的内存是(　　)。

A. 成员中占内存量最大者所需的容量

B. 结构体中第一个成员所需的内存量

C. 各成员所需内存的总和

D. 结构体中最后一个成员所需的内存量

13. 设有说明语句“struct student {int i;float f;} stu;”,则以下叙述不正确的是(　　)。

A. struct 是结构体类型的关键字

B. struct student 是用户定义的结构体类型名

C. stu 是用户定义的结构体类型名

D. i 和 f 都是结构体成员名

14. 若有以下程序段:

```
struct stnm { int n;int *m;};
int a=1,b=2,c=3;
struct stnm s[3]={{101,&a},{102,&b},{103,&c}};
int main(void)
{   struct stnm *p;
    p=s;
    …
}
```

则以下表达式的值为 2 的是(　　)。

A. (p++)->m　　B. *(p++)->m

C. (*p).m　　D. *(++p)->m

15. 若有以下说明和语句：

```
struct student { int num;int age; };
struct student stu[3]={{1001,20},{1002,19},{1003,21}};
struct student *p;
p=stu;
```

则下面表达式中值为 1002 的是(　　)。

A. (++p)->num　　B. (++p)->age

C. (*p).num　　D. (*p++).age

16. 以下程序在 VC++ 2010/6.0 中的运行结果是(　　)。

```
int main(void)
{   struct date { int year,month,day;} today;
    printf("%d\n",sizeof(struct date));
}
```

A. 6　　B. 8　　C. 10　　D. 12

17. 设有以下程序,程序的运行结果是(　　)。

```
int main(void)
{   struct STU {char name[9]; char sex; double score[2]; };
    struct STU a={"Zhao",'m',85.0,90.0 }, b={"Qian",'f',95.0,92.0 };
    b=a;
    printf("%s,%c,%2.0f,%2.0f\n",b.name,b.sex,b.score[0],b.score[1]);
}
```

A. Qian,f,95,92　　B. Qian,f,85,90

C. Zhao,f,95,92　　D. Zhao,m,85,90

18. 设有语句“typedef struct S{int i;char c;} T;”,则下列叙述正确的是(　　)。

A. 可用 S 定义结构体变量　　B. 可用 T 定义结构体变量

C. S 为 struct 类型的变量　　D. T 为结构体变量

19. 设有以下程序,程序的运行结果是(　　)。

```
#include <stdio.h>
```

```
struct S {int a,b;} data[2]={10,100,20,200};
int main(void)
{   struct S p=data[1];
    printf("%d\n",++(p.a));
}
```

A. 10　　B. 11　　C. 20　　D. 21

20. 设有以下定义和语句：

```
struct workers
{   int num;char name[20];char c;
    struct {int day,month,year;} s;
};
struct workers w, * pw; pw=&w;
```

能给 w 中的 year 成员赋 1980 的语句是(　　)。

A. * pw.year=1980;　　B. w.year=1980;

C. pw->year=1980;　　D. w.s.year=1980;

21. 以下程序的输出结果是(　　)。

```
union myun {struct {int x, y, z; } u; int k; } a;
int main(void)
{   a.u.x=4; a.u.y=5; a.u.z=6;
    a.k=0;
    printf("%d \n",a.u.x);
}
```

A. 4　　B. 5　　C. 6　　D. 0

22. 字符'0'的 ASCII 码的十进制数为 48,且数组的第 0 个元素在低位,则以下程序的输出结果是(　　)。

```
#include <stdio.h>
int main(void) {
    union { int i[2]; long k; char c[4]; }r, * s=&r;
    s->i[0]=0x39;
    s->i[1]=0x38;
    printf("%c\n",s->c[0]);
}
```

A. 39　　B. 9　　C. 38　　D. 8

23. 若“typedef int IntArray[10]; IntArray a;”,则 a 是(　　)。

A. 整型变量　　B. 整型数组　　C. 结构体变量　　D. 整型指针变量

参考答案：BCDBB　CDBCD　DCCDA　DDBDD　DBB

【二维码：第 10 章　选择题提升】：* xt-10——第 10 章　选择题提升.docx

二、读程序写出运行结果

1. 若有以下说明语句,则指针变量 p 对结构体变量 pup 中的 sex 域的正确引用是________。

```
struct student { char name[20]; int sex;} pup, * p;
p=&pup;
```

参考答案：

```
p->sex
```

2. 若有以下程序段：

```
struct dent { int n; int * m; }
int a=1,b=2,c=3;
struct dent s[3]={{101,&a},{102,&b},{103,&c}};
struct dent * p=s;
```

则表达式 *(++p)->m 的值是________。

参考答案：

```
2
```

3. 若有以下定义：

```
struct person { char name[9]; int age; }
struct person c[10]={{ "John",17},{"Paul",19},{"Mary",18},{"Adam",16}};
```

则语句“printf("%c",c[2].name[0]);”的输出结果是________。

参考答案：

```
M
```

4. 若有以下程序段，则语句“printf(“%d\n”,sizeof(test));”的输出结果是________。

```
typedef struct { long a[2]; int b[4]; char c[8];} ABC;
ABC test;
```

参考答案：

```
32
```

5. 写出以下程序的运行结果。

```
int main(void)
{   struct cmplx { int x; int y;} cnum[2]={1,3,2,7};
    printf("%d\n",cnum[0].y/cnum[0].x * cnum[1].y);
}
```

参考答案：

```
21
```

6. 写出以下程序的运行结果。

```
struct ks {int a;int * b;} s[4], * p;
```

```
int main(void)
{    int n=1,i;
     printf("\n");
     for(i=0;i<4;i++)
     {s[i].a=n;s[i].b=&s[i].a;n=n+2;}
     p=&s[0]; p++;
     printf("%d,%d\n",(++p)->a,(p++)->a);
}
```

参考答案：

```
5,3
```

7. 写出以下程序的运行结果。

```
struct st{int a;float b;char * c;};
int main(void)
{    struct st x={19,99.4,"zhang"};
     struct st * px=&x;
     printf("%d%.1f%s\n",x.a,x.b,x.c);
     printf("%d%.1f%s\n",px->a,(* px).b,px->c);
     printf("%c %s\n", * px->c-1,&px->c[1]);
}
```

参考答案：

```
1999.4zhang
1999.4zhang
y hang
```

8. 写出以下程序的运行结果。

```
struct st{ int x; int * y; } * p;
int main(void)
{    int s[]={30,20};
     struct st a[]={1,&s[0],2,&s[1]};p=a;
     printf("%d, ",p->x);
     printf("%d\n",++(* (++p)->y));
}
```

参考答案：

```
1,21
```

9. 写出以下程序的运行结果。

```
union pw {int b;char ch[2];}a;
int main(void)
{    a.ch[0]=13;
     a.ch[1]=0;
     printf("%d\n",a.b);
```

```
}
```

参考答案：

13

10. 如下程序的输出结果为________。

```
    //参考答案:51  60  21
struct st { int x; int * y; };
int dt[4]={10,20,30,40};
struct st *p,aa[4]={50,&dt[0],60,&dt[1], 70,&dt[2],80,&dt[3],};
int main(void) {
   p=aa;  printf("%4d",++p->x);
   printf("%4d",(++p)->x);  printf("%4d",++(*p->y));
}
```

11. 下面程序用来建立包含10个节点的链表,请将程序补充完整。

```
#include<stdlib.h>
#include <stdio.h>
#define LEN  sizeof(struct parts)
struct parts {
   char pname[20];
   int wnum;
   ________;         //参考答案:struct parts * next
};
int main(void) {
   struct parts *head,*p; int i; head=NULL;
   for(i=0; i<10; i++)
   {  p=________;   //参考答案:(struct parts *) malloc(LEN);
      gets(p->pname); scanf("%d",&p->wnum);
      p->next=head;
      head=p;
   }
}
```

三、编程题

【二维码：第10章　编程题参考答案】：＊xt-10——第10章　编程题参考答案.docx

第 11 章　文件及其应用

一、选择题

1. C 语言可以处理的文件类型是(　　)。

A. 文本文件和数据文件　　B. 文本文件和二进制文件

C. 数据文件和二进制文件　　D. 以上都不完全

2. 当顺利执行了文件关闭操作时,fclose()函数的返回值是(　　)。

A. 1　　B. TRUE　　C. 0　　D. −1

3. 下面表示文件指针变量的是(　　)。

A. FILE * fp　　B. FILE fp　　C. FILER * fp　　D. file * fp

4. 若 fp 是指向某文件的指针,且已指到该文件的末尾,则 C 语言函数 feof()的返回值是(　　)。

A. EOF　　B. 非 0 值　　C. NULL　　D. −1

5. 如果要以写方式打开当前目录下名为 file1.txt 的文本文件,下列选项正确的是(　　)。

A. fopen("file1.txt","w");　　B. fopen("file1.txt","r");

C. fopen("file1.txt","wb");　　D. fopen("file1.txt","rb");

6. C 语言中文件的存取方式有(　　)。

A. 顺序存取　　B. 随机存取

C. 顺序存取、随机存取　　D. 任意方式存取

7. 若要打开 C 盘上 user 子目录下名为 abc.txt 的文本文件进行读、写操作,下面符合要求的函数调用是(　　)。

A. fopen("C:\user\abc.txt","r")　　B. fopen("C:\\user\\abc.txt","r+")

C. fopen("C:\user\abc.txt","rb")　　D. fopen("C:\\user\\abc.txt","w")

8. 在 C 语言中,fclose()函数返回(　　)时,表示关闭不成功。

A. 0　　B. −1　　C. EOF　　D. 非零值

9. 函数 fgets(s,n,f)的功能是(　　)。

A. 从 f 所指文件中读取长度为 n 的字符存入指针 s 所指的内存

B. 从 f 所指文件中读取长度不超过 n−1 的字符存入指针 s 所指的内存

C. 从 f 所指文件中读取 n 个字符串存入指针 s 所指的内存

D. 从 f 所指文件中读取长度为 n−1 的字符串存入指针 s 所指的内存

10. 以下与函数 fseek(fp,0L,SEEK_SET)有相同作用的是(　　)。

A. feof(fp)　　B. ftell(fp)　　C. fgetc(fp)　　D. rewind(fp)

11. fscanf()函数的正确调用形式是(　　)。

A. fscanf(文件指针,格式字符串,输出列表);

B. fscanf(格式字符串,输出列表, 文件指针);

C. fscanf(格式字符串,文件指针,输出列表);

D. fscanf(文件指针,格式字符串,输入列表);

12. fseek()函数用来移动文件的位置指针,它的调用形式是(　　)。

A. fseek(文件号,位移量,起始点);　　B. fseek(文件号,位移方向,位移量);

C. fseek(位移方向,位移量,文件号);　　D. fseek(文件号,起始点,位移量);

13. 若调用 fputc()函数输出字符成功,则其返回值是(　　)。

A. 1　　B. EOF　　C. 输出的字符　　D. 0

14. 如果要将存放在双精度型数组 x[10]中的 10 个数写到文件指针所指的文件中,下列语句正确的是(　　)。

A. for(i=0;i<50;i++) fputc(x[i],fp);

B. for(i=0;i<10;i++) fputc(&x[i],fp);

C. for(i=0;i<10;i++) fputc(&x[i],8,1,fp);

D. fwrite(x,8,10,fp);

15. 已知函数的调用形式为"fread(buffer,size,count,fp);",其中,buffer 代表的是(　　)。

A. 一个指针,指向要读入数据的存储地址

B. 一个文件指针,指向要读的文件

C. 一个整型变量,代表要读入的数据项总数

D. 一个存储区,存放要读的数据项

16. 设有以下程序:

```
#include <stdio.h>
int main(void)
{   FILE * fp;int i,k=0,n=0;
    fp=fopen("d1.dat","w");
    for(i=1;i<4;i++) fprintf(fp,"%d",i);
    fclose(fp);
    fp=fopen("d1.dat","r");
    fscanf(fp,"%d%d",&k,&n);
    printf("%d %d\n",k,n);
    fclose(fp);
}
```

执行后的输出结果是(　　)。

A. 1 2　　B. 123 0　　C. 1 23　　D. 0 0

17. 设有以下程序:

```
#include <stdio.h>
int main(void)
{   FILE * fp;int a[10]={1,2,3,0,0},i;
    fp=fopen("file1.dat","wb");
    fwrite(a,sizeof(int),5,fp); fwrite(a,sizeof(int),5,fp);
    fclose(fp);
```

```
    fp=fopen("file1.dat","rb");
    fread(a,sizeof(int),10,fp);
    fclose(fp);
    for(i=0;i<10;i++) printf("%d ",a[i]);
}
```

程序的运行结果是(　　)。

A. 1 2 3 0 0 0 0 0 0 0　　B. 1 2 3 1 2 3 0 0 0 0

C. 1 2 3 0 0 1 2 3 0 0　　D. 1 2 3 0 0 0 0 1 2 3

18. 设有以下程序：

```
#include <stdio.h>
int main(void)
{   FILE * fp;char * s1="China", * s2="Beijing";
    fp=fopen("file1.dat","wb+");
    fwrite(s2,7,1,fp);rewind(fp); fwrite(s1,5,1,fp);
    fclose(fp);
}
```

执行后 abc.dat 文件的内容是(　　)。

A. China　　B. Chinang　　C. ChinaBeijing　　D. BeijingChina

19. 设有以下程序：

```
#include <stdio.h>
int main(void)
{   FILE * fp;
    fp=fopen("file1.txt","w");
    fprintf(fp,"abc"); fclose(fp);
}
```

如果 file1.txt 中的原有内容为 Hello,则运行以上程序后,文件 file1.txt 中的内容为(　　)。

A. Helloabc　　B. abclo　　C. abc　　D. abchello

20. 下列关于C语言文件的叙述正确的是(　　)。

A. 文件由一系列数据依次排列组成,只能构成二进制文件

B. 文件由结构序列组成,可以构成二进制文件或文本文件

C. 文件由数据序列组成,可以构成二进制文件或文本文件

D. 文件由字符序列组成,其类型只能是文本文件

21. 设有以下程序：

```
#include <stdio.h>
int main(void)
{   FILE * fp;char str[10];
    fp=fopen("file1.dat","w");
    fputs("abc",fp);fclose(fp);
    fp=fopen("file1.dat","a+");
```

```
    fprintf(fp,"%d",28);rewind(fp);
    fscanf(fp,"%s",str);puts(str);
    fclose(fp);
}
```

程序的输出结果为(　　)。

A. abc　　B. 28c

C. abc28　　D. 因类型不一致而出错

22. 以下不能将文件位置指针重新移到文件开头位置的函数是(　　)。

A. rewind(fp);

B. fseek(fp,-(long)ftell(fp),SEEK_CUR);

C. fseek(fp,0,SEEK_SET);

D. fseek(fp,0,SEEK_END);

23. 以下程序的功能是(　　)。

```
int main(void)
{  FILE * fp;char str[]="HELLO";
   fp=fopen("PRN","w");
   fputs(str,fp);fclose(fp);
}
```

A. 在屏幕上显示 HELLO　　B. 把 HELLO 存入 PRN 文件中

C. 在打印机上打印出 HELLO　　D. 以上都不对

24. 在下面几个函数中,可以把整型数以二进制形式存放到文件中的是(　　)函数。

A.fscanf　　B. fread　　C. fwrite　　D. fputc

25. 有以下程序:

```
#include <stdio.h>
int main(void)
{  FILE * fp;
   int i,a[6]={1,2,3,4,5,6};
   fp=fopen("d1.dat","w+");
   for(i=0;i<6;i++) fprintf(fp,"%d\n",a[i]);
   rewind(fp);
   for(i=0;i<6;i++) fscanf(fp,"%d",&a[5-i]);
   fclose(fp);
   for(i=0;i<6;i++) printf("%d,",a[i]); printf("\n");
}
```

程序运行后输出结果是(　　)。

A. 4,5,6,1,2,3,　　B. 1,2,3,3,2,1,　　C. 1,2,3,4,5,6,　　D. 6,5,4,3,2,1,

26. 设文件指针 fp 已定义,执行语句 fp=fopen("file","w");后,以下针对文本文件 file 操作叙述的选项中正确的是(　　)。

A. 只能写不能读　　B. 写操作结束后可以从头开始读

C. 可以在原有内容后追加写　　D. 可以随意读和写

27. 以下程序用来统计文件中字符的个数(函数 feof 用于检查文件是否结束,结束时返回非零)。

```
#include <stdio.h>
int main(void)
{  FILE * fp; long num=0;
   fp=fopen("fname.txt","r");
   while(________) { fgetc(fp); num++;}
   printf("num=%d\n",num);  fclose(fp);
}
```

下面选项中,填入横线处不能得到正确结果的是(　　)。

A. feof(fp)==NULL　　B. !feof(fp)

C. feof(fp)　　D. feof(fp)==0

28. 若有以下程序:

```
#include <stdio.h>
struct s{int a;int b;};
int main(void)
{  FILE * fp; int i,a[6]={1,2,3,4,5,6},k;
   fp=fopen("fname.txt","w+");
   for(i=0;i<6;i++)
   {
       fseek(fp,0L,0);
       fprintf(fp,"%d\n",a[i]);
   }
   rewind(fp);
   fscanf(fp,"%d",&k);
   fclose(fp);
   printf("%d\n",k);
}
```

下面选项中,运行程序得到的正确结果是(　　)。

A. 123456　　B. 1　　C. 6　　D. 21

参考答案: BCABA　CBDBD　DACDA　BCBCC　CDBCD　ACC

二、读程序写出运行结果

1. 设文件 file1.txt 已存在,下列程序段实现的功能为________。

```
#include <stdio.h>
FILE * fp;
Fp=fopen("file1.txt","r");
while(!feof(fp)) putchar(fgetc(fp));
```

参考答案:

从文件 file1.txt 中逐个字符地读出全部内容,并显示在屏幕上

2. 设文件 a.c 和 b.c 已存在，下列程序实现的功能为________。

```
#include <stdio.h>
int main(void)
{   FILE * fp1, * fp2; char ch;
    fp1=fopen("a.c","r");
    fp2=fopen("b.c","w");
    while(!feof(fp1))
    {   ch=fgetc(fp1);
        fputc(ch,fp2);
    }
    fclose(fp1);fclose(fp2);
}
```

参考答案：

把 a.c 复制到 b.c 中

3. 下面程序的运行结果是________。

```
#include <stdio.h>
int main(void)
{   FILE * fp;int i,k=0,n=0;
    fp=fopen("d1.dat","w");
    for(i=1;i<4;i++) fprintf(fp,"%d",++i);
    fclose(fp);
    fp=fopen("d1.dat","r");
    fscanf(fp,"%d",&k);
    printf("%d  %d\n",k,n);
    fclose(fp);
}
```

参考答案：

24　0

4. 假设在当前盘的当前目录下有两个文本文件 a1.txt 和 a2.txt，其内容分别为 24578＃和 85947＃，下面程序的运行结果是________。

```
#include <stdio.h>
#include <stdlib.h>
int main(void)
{   FILE * fp;
    void fc();
    if((fp=fopen("a1.txt","r"))==NULL)
    {  printf("Can not open file\n");exit(0); }
    else
    {  fc(fp);fclose(fp); }
    if((fp=fopen("a2.txt","r"))==NULL)
```

```
    {  printf("Can not open file\n");exit(0);}
    else
    {  fc(fp);fclose(fp); }
}
void fc(FILE * fp)
{   char c;
    while((c=fgetc(fp))!='#') putchar(c);
}
```

参考答案：

2457885947

5. 下面程序的运行结果是________。

```
#include <stdio.h>
#include <stdlib.h>
int main(void)
{   FILE * fp;
    float sum=0.0,x; int i;
    float y[4]={-12.1,13.2,-14.3,15.4};
    if((fp=fopen("data1.dat","wb"))==NULL) exit(0);
    for(i=0;i<4;i++) fwrite(&y[i],4,1,fp);
    fclose(fp);
    if((fp=fopen("data1.dat","rb"))==NULL) exit(0);
    for(i=0;i<4;i++,i++)
    {   fread(&x,4,1,fp);
        sum+=x;
    }
    printf("%f\n",sum);
    fclose(fp);
}
```

参考答案：

1.099999

6. 下面程序的运行结果是________。

```
#include <stdio.h>
int main(void)
{   FILE * fp;
    int a[10]={11,22,33,44,55,66,77,88,99,100};  int b[6],i;
    fp=fopen("test.dat","wb");
    fwrite(a,sizeof(int),10,fp);
    fclose(fp);
    fp=fopen("test.dat","rb");
    fread(b,sizeof(int),6,fp);
    fread (b+2,sizeof(int),4,fp);
```

```
    fclose(fp);
    for(i=0;i<6;i++) printf("%d ",b[i]);
}
```

参考答案：

11 22 77 88 99 100

7. 下面程序的运行结果是________。

```
#include <stdio.h>
int main(void)
{   FILE * fp; int i;
    fp=fopen("tt1.dat","w");
    for(i=65;i<90;i++) fprintf(fp,"%4d %c",i,i);
    fclose(fp);
    fp=fopen("tt1.dat","r"); i=0;
    while(!feof(fp))
    {   fscanf(fp,"%4d %c",&i,&i);
        printf("%4d %c\t",i,i);
        i++;
    }
}
```

参考答案：

```
65 A   66 B   67 C   68 D   69 E   70 F   71 G   72 H   73 I   74 J
75 K   76 L   77 M   78 N   79 O   80 P   81 Q   82 R   83 S   84 T
85 U   86 V   87 W   88 X   89 Y   90 Z
```

8. 下面程序的运行结果是________。

```
#include <stdio.h>
#include <string.h>
int main(void)
{   char * p,st[3][20]={"China","Korea","England"},cstr[20];FILE * fp;int i=0;
    fp=fopen("d1.dat","w+");
    fprintf(fp,"%s\n",st[2]);
    fputs(st[2],fp);
    p=st[2];while((* p)!='\0') fputc(* p++,fp);
    fwrite(st[2],1,7,fp);
    rewind(fp);
    fscanf(fp,"%s",cstr);printf("%s ",cstr);strcpy(cstr,"");fgetc(fp);
    fgets(cstr,8,fp);printf("%s ",cstr);strcpy(cstr,"");
    while(i++<7) putchar(fgetc(fp));printf(" ");
    fread(cstr,1,7,fp);printf("%s",cstr);
}
```

参考答案：

```
England England England England
```

9. 语句“fgets(buf,n,fp);”从fp指向的文件中读入________个字符放到buf字符数组中。

参考答案：

```
n-1
```

10. 下列程序执行后，文件test中的内容是：________。

```
#include <string.h>
#include <stdio.h>
void fun(char * fname,char * st)
{  FILE * fp; int i;
   fp=fopen(fname,"w");
   for(i=0; i<strlen(st); i++) fputc(st[i], fp);
   fclose(fp);
}
int main(void)
{  fun("test","New world.");
   fun("test","Hello."); return 0;
}
```

参考答案：

```
Hello.
```

11. 下列程序的输出结果是：________。

```
#include <stdio.h>
int main(void)
{  FILE * fp; int n,a[2]={65,66}; char ch;
   fp=fopen("d.dat","w");
   fprintf(fp, "%d%d",a[0],a[1]);
   fclose(fp);
   fp=fopen("d.dat","r");
   fscanf(fp, "%c",&ch);
   n=ch;
   while (n!=0) {
      printf("%d",n%10);
      n=n/10;
   }
   fclose(fp); return 0;
}
```

参考答案：

```
45
```

12. 运行下面程序后，生成的文件 test.dat 的长度为________字节。如果将文件打开方式改为“wb”，则生成的文件 test.dat 的长度为________字节。

说明：长度差异是因为文本文件时，换行由'\r'+'\n'两个字符(节)代表；二进制文件时，输出'\n'就只有一个'\n'字节(符)。

```
#include <stdio.h>
int main(void)
{  FILE * fp=fopen("test.dat","w");
   fputc('A',fp);  fputc('\n',fp);
   fputc('B',fp);  fputc('\n',fp);
   fputc('C',fp);
   fclose(fp); return 0;
}
```

参考答案：

7　　5

13. 以下程序的功能是将文件 file1.c 的内容输出到屏幕上，并复制到文件 file2.c 中。请填空完成以下程序。

```
#include <stdio.h>
int main(void)
{  FILE ________;                         //参考答案：* fp1, * fp2
   fp1=fopen("file1.c","r");
   fp2=fopen("file2.c","w");
   while (!feof(fp1)) putchar(fgetc(fp1));
   ________;                              //参考答案：rewind(fp1) 或 fseek(fp1, 0L,SEEK_
SET);
   while (!feof(fp1)) fputc(________);  //参考答案：fgetc(fp1),fp2
   fclose(fp1); fclose(fp2);
}
```

三、简答题与编程题

【二维码：第 11 章　编程题参考答案】：* xt-11——第 11 章　编程题参考答案.docx

第 12 章　预处理命令

一、选择题

1. 设有宏定义“＃define A　B　abcd”，则宏替换时（　　）。

A. 宏名 A 用 B　abcd 替换　　B. 宏名 A B 用 abcd 替换

C. 宏名 A 和宏名 B 都用 abcd 替换　　D. 语法错误，无法替换

2. 下列有关宏的叙述错误的是（　　）。

A. 宏名必须使用大写英文字母　　B. 宏替换不占用程序的运行时间

C. 宏参数没有数据类型　　D. 宏名没有数据类型

3. 在＃include 命令中，若＃include 后面的文件名用双引号定界，则系统寻找被包含文件的方式是（　　）。

A. 在 C 系统的 include 文件夹中查找

B. 在源程序所在的文件夹中查找

C. 先在 C 系统的 include 文件夹中查找，查找失败后再到源程序所在的文件夹中查找

D. 先在源程序所在的文件夹中查找，查找失败后再到 C 系统 include 文件夹中查找

4. 在程序中定义以下宏：

```
#define W 3
#define L W+4
```

若定义“int val;”，且令“val＝L＊L”，则变量 val 的值为（　　）。

A. 14　　B. 19　　C. 24　　D. 49

5. 在程序中定义以下宏：

```
#define A 2
#define B 3*A
#define C B+A
```

若定义“int a;”，则表达式“a＝C＊2”的值为（　　）。

A. 4　　B. 8　　C. 10　　D. 16

6. 以下说法正确的是（　　）。

A. define 和 printf 都是 C 语句　　B. define 是 C 语句，但 printf 不是

C. printf 是 C 语句，但 define 不是　　D. define 和 printf 都不是 C 语句

7. 编译预处理工作是在（　　）完成的。

A. 编译时　　B. 编译前　　C. 编译后　　D. 执行时

8. 下列过程不属于编译预处理的是（　　）。

A. 宏定义　　B. 文件包含　　C. 条件编译　　D. printf()

9. 以下叙述不正确的是(　　)。

A. 预处理命令行必须以＃开始

B. ＃define IP 是正确的宏定义

C. C 程序在执行过程中对预处理命令行进行处理

D. 在程序中凡是以＃号开始的行都是预处理命令行

10. 在宏定义"＃define PI 3.1415926"中,用宏名 PI 代替一个(　　)。

A. 单精度数　　B. 双精度数　　C. 常量　　D. 字符串

11. 在程序中定义以下宏:

```
#define S(a,b)  a*b
```

若定义"int area;",且令"area＝S(3－1,3＋4)",则变量 area 的值是(　　)。

A. 4　　B. 8　　C. 12　　D. 14

12. 在程序中定义以下宏:

```
#define STR  "%d,%d"
#define A 3+1
```

则语句"printf(STR,A,A＊2);"的输出结果为(　　)。

A. 4,8　　B. 3,6　　C. 4,5　　D. 4,4

13. C 语言的编译系统对宏命令的处理是(　　)。

A. 和程序中的其他语句同时进行

B. 在程序运行时进行

C. 在对源程序中的其他语句正式编译前进行

D. 在程序连接时进行

14. 设有以下程序:

```
#include <stdio.h>
#define SUB(a) (a)-(a)
int main(void)
{   int a=2,b=3,c=5,d;
    d=SUB(a+b) * c;
    printf("%d\n",d);
}
```

程序运行后的结果为(　　)。

A. 0　　B. －20　　C. －12　　D. 10

15. 设有以下宏定义:

```
#define N 3
#define Y(n) ((N+1) * n)
```

执行语句"z＝2＊(N＋Y(5＋1));"后,z 的值为(　　)。

A. 出错　　B. 42　　C. 48　　D. 54

16. 有以下程序:

```
#include <stdio.h>
#define f(x) x*x*x
int main(void)
{  int a=3,s,t;
   s=f(a+1); t=f((a+1));
   printf("%d,%d\n",s,t);
}
```

程序运行后输出结果是(　　)。

A. 10,64　　B. 10,10　　C. 64,10　　D. 64,64

17. 有以下程序:

```
#include <stdio.h>
#define PT 3.5
#define S(x) PT*x*x
int main(void)
{
   int a=1,b=2;
   printf("%4.1f\n",S(a+b));
}
```

程序运行后输出结果是(　　)。

A. 31.5　　B. 7.5

C. 程序有错无输出结果　　D. 14.0

18. 有以下程序:

```
#include <stdio.h>
#define N 2
#define M N+1
#define NUM (M+1)*M/2
int main(void)
{
   printf("%d\n",NUM);
}
```

程序运行后输出结果是(　　)。

A. 4　　B. 8　　C. 9　　D. 6

参考答案:AADBC　DBDCD　ACCBC　ABB

二、读程序写出运行结果

1.
```
#include <stdio.h>
#define STR  "%d,%c"
#define A 97
void main()
{ printf(STR,A,A+2); }
```

参考答案：

```
97,c
```

2.
```
#define ADD(x) x+x
int main(void)
{    int a=1,b=2,c=3;
     printf("c=%d\n",ADD(a+b) * ADD(a+b));
}
```

参考答案：

```
c=11
```

3.
```
#define ADD(x)   (x)+(x)
int main(void)
{    int a=4,b=6,c=7;
     int d=ADD(a+b) * c;
     printf("d=%d",d);
}
```

参考答案：

```
d=80
```

4.
```
#define MAX(x,y) (x)>(y)?(x):(y)
int main(void)
{    int a=1,b=2,c=3,d=2,t;
     t=MAX(a+b,c+d) * 100;
     printf("%d\n",t);
}
```

参考答案：

```
500
```

5.
```
#define S(r)   r*r
int main(void)
{    int a=8,b=3,area;
     area=S(a-b);
     printf("area=%d",area);
}
```

参考答案：

```
area=-19
```

6.
```
#define PI   3.14159265
#define RADIUS   2.0
#define CIRCUM   2.0*PI*RADIUS
#define AREA   printf("area=%10.4f\n",PI*RADIUS*RADIUS);
```

```
int main(void)
{  printf("CIRCUM=%10.4f\n",CIRCUM);
   AREA
}
```

参考答案：

```
CIRCUM=   12.5664
area=   12.5664
```

三、编程题

参考答案：

1. 输入两个整数,求它们相乘的积,用带参宏定义来实现。

```
#define f(a,b) a*b
#include <stdio.h>
int main(void)
{   int i1,i2,cj;
    scanf("%d%d",&i1,&i2);
    cj=f(i1,i2);
    printf("i1*i2=%d\n",cj);
}
```

2. 给年份year定义一个宏,以判断年份是否为闰年,并实现对所输入年份是否为闰年的判断。

```
#define isleap(year) !(year%4)&&year%100||!(year%400)
#include <stdio.h>
int main(void)
{   int y;
    printf("Please input the year:"); scanf("%d",&y);
    if (isleap(y)) printf("The year %d is a leap year.", y);
    else printf("The year %d is not a leap year.", y);
}
```

3. 定义一个宏,输出3个数的最大值。

```
#define max2(a,b) (a>b? a:b)
#define max(a,b,c) max2(max2(a,b),c)
#include <stdio.h>
int main(void)
{   int x,y,z,max123;
    printf("Please input the three integer:");
    scanf("%d%d%d",&x,&y,&z);
    max123=max(x,y,z);
    printf("The %d is max value in [%d,%d,%d]\n",max123,x,y,z);
}
```

4. 把上一题的宏定义放在一个扩展名为.h 的文件中，主程序利用 # include 包含该文件。

```
//hong.h 文件
#define max2(a,b) (a>b? a:b)
#define max(a,b,c) max2(max2(a,b),c)

//file xt12_3_4.c 文件
#include "hong.h"
#include <stdio.h>
int main(void)
{   int x,y,z,max123;
    printf("Please input the three integer:");
    scanf("%d%d%d",&x,&y,&z);
    max123=max(x,y,z);
    printf("The %d is max value in [%d,%d,%d]\n",max123,x,y,z);
}
```

5. 利用条件编译方法实现以下功能：输入一个正整数，当宏 CIRCLE 定义时，输出以该数为半径的圆的周长与面积；当宏 CIRCLE 没有定义时，输出以该数为边的正三角形的周长与面积。

```
#define CIRCLE yes
#define PI 3.1415926
#include <stdio.h>
#include <math.h>
int main(void) {
    int i;
    #ifndef CIRCLE
        float p;
    #endif
    scanf("%d",&i);
    #ifdef CIRCLE
        printf("以%d数为半径的圆周长为%f,圆面积为%f \n",i,2.0*PI*i,PI*i*i);
    #else
        p=3.0*i/2.0;
        printf("以%d数为边长的正三角形的周长为%f,正三角形的面积为%f \n",i,3.0*i,
        sqrt(p*(p-i)*(p-i)*(p-i)));
    #endif
}
```

第13章　位　运　算

一、选择题

1. 若有语句“int a＝3,b＝6,c;c＝a^b＜＜2;”,则变量 C 的二进制值是(　　)。

A. 00011011　　B. 00010100　　C. 00011000　　D. 00000110

2. 设有以下程序：

```
int main(void)
{    int a=5,b=1,t;
     t=(a<<2)|b;
     printf("%d\n",t);
}
```

程序运行后的输出结果是(　　)。

A. 21　　B. 11　　C. 6　　D. 1

3. 设有程序段“int r＝8; printf("%d\n",r＞＞1);”,输出结果是(　　)。

A. 16　　B. 8　　C. 4　　D. 2

4. 变量 a 中的数据用二进制表示是 01011101,变量 b 中的数据用二进制表示是 11110000。要求将 a 的高 4 位取反,低 4 位不变,所要执行的运算是(　　)。

A. a^b　　B. a|b　　C. a&b　　D. a＜＜4

5. 设有以下程序段：

```
#include <stdio.h>
int main(void)
{    int a=2,b=2,c=2;
   printf("%d\n",a/b&c);
}
```

输出结果是(　　)。

A. 0　　B. 1　　C. 2　　D. 3

6. 在位运算中,非零操作数每右移一位,其结果相当于(　　)。

A. 操作数乘以 2　　B. 操作数除以 2　　C. 操作数除以 16　　D. 操作数乘以 16

7. 设机器字长为 16 位,表达式～000011 的八进制数是(　　)。

A. 0　　B. 1111100　　C. 177766　　D. 177700

8. 表达式 0x13&0x17 的值是(　　)。

A. 0x17　　B. 0x13　　C. 0xf8　　D. 0xec

9. 执行以下程序段后,B 的值是(　　)。

```
int x=3.5,B; char z='A';  B=((x&15) && (z<'a'));
```

A. 0　　B. 1　　C. 2　　D. 3

10. 若 x=(10010111)$_2$,则表达式(3+(int)(x)) & (~3)的运算结果是(　　)。

A. 10011000　　B. 10001100　　C. 10101000　　D. 10110000

11. 设整型变量 x,其值为 25,则表达式(x&20>>1)|(x>10|7&x^33)的值为(　　)。

A. 35　　B. 41　　C. 11　　D. 3

12. 有以下程序:

```
#include <stdio.h>
int main(void)
{  unsigned char a=8,c;
   c=a>>3;
   printf("%d\n",c);
}
```

程序运行后输出结果是(　　)。

A. 32　　B. 16　　C. 1　　D. 0

13. 有以下程序:

```
#include <stdio.h>
int main(void)
{  char x=2,y=2,z;
   z=(y<<1) & (x>>1);
   printf("%d\n",z);
}
```

程序运行后输出结果是(　　)。

A. 1　　B. 0　　C. 4　　D. 8

14. 有以下程序:

```
#include <stdio.h>
int main(void)
{  int c;
   c=13|15;
   printf("%d\n",c);
}
```

程序运行后输出结果是(　　)。

A. 13　　B. 15　　C. 18　　D. 5

15. 设有定义:int a=64,b=8;,则表达式(a&&b)和(a|b)&&(a||b)的值分别为(　　)。

A. 1 和 1　　B. 1 和 0　　C. 0 和 1　　D. 0 和 0

16. 若有定义语句 int b=2;,则表达式(b<<2)/(3||b)的值是(　　)。

A. 4　　B. 8　　C. 0　　D. 2

参考答案: AACAA　BCBBA　BCBBAB

二、读程序写出运行结果

1.
```
int main(void)
```

```
{    unsigned a,b;
     a=125;
     b=a>>3;
     b=b&15;
     printf("a=%d\tb=%d\n",a,b);
}
```

参考答案:

```
a=125  b=15
```

2. int main(void)

```
{    char a='a',b='b';
     int p,c,d;
     p=a;
     p=(p<<8)|b;
     d=p&0xff;
     c=(p&0xff00)>>8;
     printf("a=%d,b=%d,c=%d,d=%d\n",a,b,c,d);
}
```

参考答案:

```
a=97, b=98,c=97,d=98
```

三、编程题

参考答案:

1. 输入两个整数,分别以十进制和十六进制形式输出,并输出两整数进行与运算、或运算、异或运算的值,检验运算的正确性。

```
#include <stdio.h>
int main(void){
    int a,b; scanf("%d%d",&a,&b);
    printf("a=%d\nb=%d\na&b=%d\na|b=%d\na^b=%d\n",a,b,a&b,a|b,a^b);
    printf("\na=%x\nb=%x\na&b=%x\na|b=%x\na^b=%x\n",a,b,a&b,a|b,a^b);
}
```

2. 输入整数,分别以十进制和十六进制形式输出,并输出该整数进行求反运算、左移4位、右移4位后的值,检验运算的正确性。

```
#include <stdio.h>
int main(void){
    int a,b;
    scanf("%d",&a);                  //若 a=32
    printf("a=%d\na=%x\n",a,a);      //若 a=32 a=20
    b=a;
    printf("~b=%d\n",~b);            //b=11111111111111111111111111011111  b=-33
```

```
    b=a;
    printf("b<<4=%d\n",b<<4);     //b=00000000000000000000001000000000  b=512
    b=a;
    printf("b>>4=%d\n",b>>4);     //b=00000000000000000000000000000010  b=2
}
```

3. 定义含两个 4 位长度的位域名 bit03、bit47 的位域结构体及其变量，对位域变量的成员分别赋值 0 与 15 并输出。

```
#include <stdio.h>
int main(void){
    struct bits
    {   unsigned bit03:4;
        unsigned bit47:4;
    } bit, * pbit;
    bit. bit03=0;
    bit. bit47=15;
    pbit=&bit;
    printf("%d,%d\n",bit.bit03,bit.bit47);
    printf("%d,%d\n",pbit->bit03,pbit->bit47);
}
```

第 14 章　C 语言应用案例

借助案例能将基础知识应用到具体的实际程序代码中，起到学以致用、举一反三的作用。希望本书所介绍实例对于读者有学习意义，并能在 C 语言应用方面起到抛砖引玉的作用。

14.1　简单的接口程序

使用 C 语言可以编写简单的接口程序。当今流行的编程语言种类繁多，它们编程方便、易于维护，但是在与硬件直接“打交道”和编制系统软件时却无能为力，于是 C 语言有了用武之地。

在通信中，为了保证运行安全可靠，标准的串口必须具有许多握手信号和状态信息。这是因为通信的各个计算机的 CPU 速度不尽相同（这会导致“错帧”），并且发送机发送数据的速度可能比接收机接收的速度快（这会导致“过冲”）。为了解决这个问题，采用一个简单的握手信号，即发送机每次仅发送半字节（低 4 位）的数据，而另外半字节（高 4 位）则用来传送握手信息。

用户可以对信息位（高 4 位）进行简单的编码。

0H：发送的是新的半字节数据。

1H：重新发送上次传送错误的数据。

2H：文件名结束。

3H：文件结束。

xH：其他。

这样，每当发送机发送一字节以后，就等待接收机发回送信号，这回送信号就是发送机发送过来的那字节。发送机接收到回送信号后，把它与刚发送的字节相比较，如果相同，就发送新的半字节，否则重新发送。新数据与旧数据通过信息位来区分。

本例以一个发送文件的程序为例，介绍如何使用 C 语言实现对接口的操作与控制。程序的运行示意图如图 14.1 所示。

图 14.1　简单接口程序的运行示意图

用 C 语言编写的简单接口程序的源代码见下面二维码：

【二维码：简单接口程序的源代码】：＊**xt-14——简单接口程序.docx**

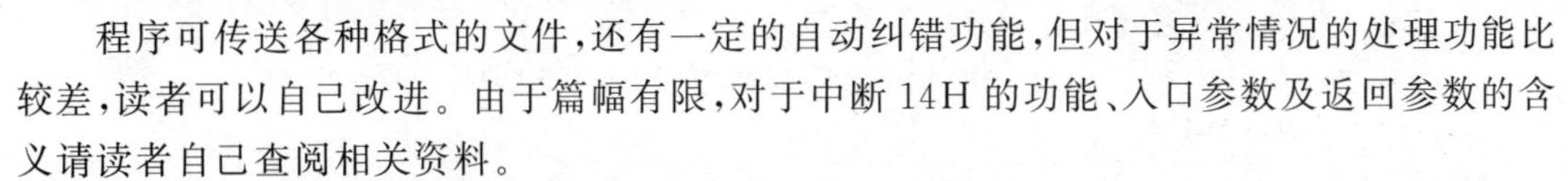

程序可传送各种格式的文件，还有一定的自动纠错功能，但对于异常情况的处理功能比较差，读者可以自己改进。由于篇幅有限，对于中断 14H 的功能、入口参数及返回参数的含义请读者自己查阅相关资料。

现在大多数串口都遵循 RS-232 标准，表 14.1 是最常用的 RS-232 信号。

表 14.1　常用的 RS-232 信号

名称	针号	含　义
RTS	4	Request to send（请求发送）
CTS	5	Clear to send（清除发送）
DSR	6	Data set ready（数据设备准备好）
DTR	20	Data terminal ready（数据终端准备好）
TXD	2	Transmit data（发送数据）
RXD	3	Receive data（接收数据）
GRD	7	Ground（接地）

14.2　大整数四则运算

实现两大整数加、减、乘、除四则运算的程序如下（对于算法思想等详见配套教材）。

```
#include <stdio.h>
#include <string.h>
#include <ctype.h>
#define N 256
int min(int x, int y)
{
    return x<y?x:y;
}
void c_to_d(char str[N], char d[N], int * start)
{   /* 把 str 的各位转变成对应整数,右对齐存入 d, * start 为最高位的下标 */
    int len,i,j;
    for(i=0;i<N;i++) d[i]=0;
    len=strlen(str);
    /**start 为右对齐后的开始位,例如 strlen(str)=5 N=10 * start=10-5=5 */
    * start=N-len;
    for(i=0,j= * start;i<len;i++,j++) d[j]=str[i]-'0';               /* 字符到数字 */
}
void d_to_c(char d[N], char str[N], int start)
{   /* 把 d 中的数字 d[start…N-1]转变为字符左对齐存入 str */
    int i,j,len=N-start;
    if (start==N) {str[0]='0';str[1]='\0';return;}        /* start==N 是结果为 0 的情况 */
```

```
    if (d[start]=='-') str[0]=d[start];          /*考虑第一位是否是'-'号*/
    else str[0]=d[start]+'0';
    for(i=1,j=start+1;i<len;i++,j++) str[i]=d[j]+'0';
    str[len]='\0';
}
int compare(char str1[N],char str2[N])        /*str1、str2中存的是要进行比较的大整数*/
{   /*如果前者大于后者,返回正数,若相等返回0,否则返回负数*/
    int len1,len2;
    len1=strlen(str1);
    len2=strlen(str2);
    if(len1<len2) return-1;
    else if(len1>len2) return 1;
        else return strcmp(str1,str2);
}
/*加法addition,数组右对齐相加*/
void add(char str_a[N], char str_b[N], char str_c[N])
{   char a[N],b[N],c[N]; int i;               /*以右对齐的方式存储各位数*/
    int start_a,start_b,start_c;              /*分别存储a、b、c中最高位的下标*/
    int carry;                                /*进位*/
    /*把str_a,str_b的各位转变成对应整数,右对齐存入a、b*/
    c_to_d(str_a, a, &start_a);
    c_to_d(str_b, b, &start_b);
    i=N-1;                                    /*从低位到高位,对应位相加*/
    carry=0;
    start_c=min(start_a,start_b);             /*右对齐,为此取小的start_c*/
    while(i>=start_c)                         /*i>=start_c需不断两两相加*/
    {   c[i]=a[i]+b[i]+carry;
        carry=c[i]/10;
        c[i]=c[i]%10;
        i--;
    }
    if(carry>0)                               /*如果有进位*/
    {   start_c--;
        c[start_c]=carry;
    }
    d_to_c(c, str_c, start_c);                /*把c转换为字符串str_c*/
}
/*减法subtration,数组右对齐相减*/
void sub(char str_a[N], char str_b[N], char str_c[N])
{   char a[N], b[N],c[N];                     /*以右对齐的方式存储各位数*/
    int i,compareab;
    int start_a,start_b;                      /*分别存储a、b中最高位的下标*/
    int borrow;                               /*借位*/
    /*把str_a,str_b的各位转变成对应整数,右对齐存入a、b*/
    c_to_d(str_a, a, &start_a);
```

```
    c_to_d(str_b, b, &start_b);
    memset(c,0,sizeof(c));                /*初始化*/
    i=N-1;                                /*从低位到高位,对应位相减,注意借位*/
    borrow=0; compareab=compare(str_a,str_b);
    while((compareab>=0)?(i>=start_a):(i>=start_b))
    /*利用条件运算后,str_a和str_b不管大小都适应*/
    {   if (compareab>=0) c[i]=a[i]-b[i]-borrow; /*被减数大于或等于减数时*/
        else c[i]=b[i]-a[i]-borrow;       /*被减数小于减数时*/
        if(c[i]<0)                        /*c[i]<0需借位*/
        {   borrow=1; c[i]+=10;   }
        else borrow=0;                    /*注意不可以省略*/
        i--;
    }
    while(i<N && c[i]==0) i++;            /*去掉结果前面的0,定位新的i就可以了*/
    if (compareab <0 && i>=1) c[--i]='-';
    d_to_c(c, str_c, i);              /*把c转换为字符串str_c,i是c中最高位的下标*/
}
/*乘法multiplication,数组右对齐相乘*/
void mul(char str_a[N], char str_b[N], char str_c[N])
{   int len1, len2,i,j,k,carry;
    char a[N], b[N], c[N], d[N];
    int start_a, start_b, start_c, start_d;
    len1=strlen(str_a);
    len2=strlen(str_b);
    /*把str_a,str_b的各位转变成对应整数,右对齐存入a、b*/
    c_to_d(str_a, a, &start_a);
    c_to_d(str_b, b, &start_b);
    memset(c, 0, sizeof(c));
    /*用b[j](j=N-1,N-2…)乘a,存入d,再把d累加到c中,注意错位问题,d的最低位下标不
    是N-1,而是j*/
    for(j=N-1;j>=start_b;j--)
    {
        memset(d, 0, sizeof(d));
        carry=0;
        for(i=N-1,k=j;i>=start_a;i--,k--)
        /*注意d的最低位下标从j开始,而不是从N-1开始*/
        {
            d[k]=a[i]*b[j]+carry;         /*要加上前一次相乘的进位*/
            carry=d[k]/10;
            d[k]=d[k]%10;
        }
        /*如果有进位*/
        if(carry>0) d[k--]=carry;
        start_d=k+1;
        /*把d累加到c中*/
```

```
            carry=0;
            for(i=N-1;i>=start_d;i--)
            {
                c[i]=c[i]+d[i]+carry;
                carry=c[i]/10;
                c[i]=c[i]%10;
            }
            /*如果有进位*/
            if(carry>0) c[i--]=carry;
        }
        start_c=i+1;
        /*把c转换为字符串str_c*/
        d_to_c(c, str_c, start_c);
}
/*除法division,左对齐后从左到右相除得到商*/
void divd(char str_a[N], char str_b[N], char str_c[N])
{   char c[N];                                    /*以左对齐的方式存储各位数*/
    char rmd[N];                                  /*存储余数*/
    char temp[N];
    int i,k,len_rmd, len1,len2,cur;
    memset(c,0,sizeof(c));
    if (compare(str_a,str_b)<0) {str_c[0]='0';str_c[1]='\0';return;}
                                                  /*如果被除数小于除数,则商为0*/
    len1=strlen(str_a);
    len2=strlen(str_b);
    strcpy(rmd, str_a);
    rmd[len2]='\0';                           /*准备工作,先在被除数中取和除数同样多的位数*/
    cur=len2-1;                                   /*cur记下当前商对应的a中的下标*/
    if(compare(rmd, str_b)<0)                     /*如果不够除,再向右取1位*/
    {   cur++;
        rmd[cur]=str_a[cur];
        rmd[cur+1]='\0';
    }
    /*求商是从高位到低位进行,商的每一位计算需要多次执行减法,减法次数为商的一位数*/
    k=0;
    while(str_a[cur]!='\0')
    {
        while(compare(rmd,str_b)>=0)              /*本循环确定str_a[cur]对应位置的商*/
        {
            sub(rmd, str_b, temp);
            c[k]++;
            strcpy(rmd, temp);
        }
        cur++;                                    /*右移一位后继续上述过程*/
        len_rmd=strlen(rmd);
```

```
        rmd[len_rmd]=str_a[cur];              /*照抄被除数的一位*/
        rmd[len_rmd+1]='\0';
        k++;
    }
    for(i=0;i<k;i++) str_c[i]=c[i]+'0';  /*将c[0…k-1]转换成字符存入str_c*/
    str_c[i]='\0';
}
int main(void)
{   char str_a[N],str_b[N],str_c[N];short a_pn=0,b_pn=0,i;
    printf("请输入第一个大整数(被加、减、乘、除数): "); scanf("%s",str_a);
    //输入字符串后进行预处理
    if(str_a[0]=='-') a_pn=-1;                //取符号标注信息
    for(i=0;i<(int)strlen(str_a);i++)
    {
        if(!isdigit(str_a[i])) str_a[i]='0';  //如果不是数字字符作0处理
    }
    while(str_a[0]=='0'){                     //移除'0'
        for(i=0;i<(int)strlen(str_a);i++) str_a[i]=str_a[i+1];
    }
    printf("请输入第二个大整数(加、减、乘、除数): "); scanf("%s",str_b);
    //输入字符串后进行预处理
    if(str_b[0]=='-') b_pn=-1;                //取符号标注信息
    for(i=0;i<(int)strlen(str_b);i++)
    {
        if(!isdigit(str_b[i])) str_b[i]='0';  //如果不是数字字符作0处理
    }
    while(str_b[0]=='0') {                    //移除'0'
        for(i=0;i<(int)strlen(str_b);i++) str_b[i]=str_b[i+1];
    }
    printf("\n你输入的第一个大整数(被加、减、乘、除数)为: %c%s\n",(a_pn)?'-':' ',str_a);
    printf("你输入的第二个大整数(加、减、乘、除数)为: %c%s\n\n",(b_pn)?'-':' ',str_b);
    //带符号的两大整数相加
    if (a_pn==0&&b_pn==0||a_pn&&b_pn) {                      //++  --
        add(str_a,str_b,str_c);
        if (a_pn&&b_pn){                                     //--
            for(i=(int)strlen(str_c);i>=0;i--) str_c[i+1]=str_c[i];
            str_c[0]='-';
        }
    }
    if (a_pn==0&&b_pn){                                      //+-
        sub(str_a,str_b,str_c);
    }
    if (a_pn&&b_pn==0){                                      //-+
        sub(str_b,str_a,str_c);
    }
    printf("两大整数相加结果: %s\n\n",str_c);
```

```
    //带符号的两大整数相减
    if (a_pn==0&&b_pn||a_pn&&b_pn==0){                              //+-  -+
        add(str_a,str_b,str_c);
        if (a_pn&&b_pn==0){                                         //-+
            for(i=(int)strlen(str_c);i>=0;i--) str_c[i+1]=str_c[i];
            str_c[0]='-';
        }
    }
    if (a_pn==0&&b_pn==0){                                          //++
        sub(str_a,str_b,str_c);
    }
    if (a_pn&&b_pn){                                                //--
        sub(str_b,str_a,str_c);
    }
    printf("两大整数相减结果：%s\n\n",str_c);
    //带符号的两大整数相乘
    mul(str_a,str_b,str_c);
    if(a_pn==0&&b_pn||a_pn&&b_pn==0)                                //+-  -+
        printf("两大整数相乘结果：%c%s\n\n",'-',str_c);     //负数,输出一个'-'号
    else                                                            //++  --
        printf("两大整数相乘结果：%s\n\n",str_c);
    //带符号的两大整数相除
    divd(str_a,str_b,str_c);
    if(a_pn==0&&b_pn||a_pn&&b_pn==0)                                //+-  -+
        printf("两大整数相除结果：%c%s\n\n",'-',str_c);     //负数,输出一个'-'号
    else                                                            //++  --
        printf("两大整数相除结果：%s\n\n",str_c);
    return 0;
}
```

14.3 学生成绩管理系统

下面介绍学生成绩管理系统中典型功能模块的程序。

(1) 系统main主函数、库函数、自定义函数声明、全局数组与变量定义等。

```
#include <stdio.h>                                  /*标准C运行时头文件*/
#include <stddef.h>
#include <stdlib.h>
#include <io.h>
#include <string.h>
#define N_STUDENT     30000                         /*学生表中记录的最大个数*/
#define N_COURSE     3000                           /*课程表中记录的最大个数*/
#define N_SC        1500000                         /*成绩表中记录的最大个数*/
#define N_TEACHER     2000                          /*教师表中记录的最大个数*/
int create_student_table();                         /*创建学生表*/
int create_sc_table();                              /*创建成绩表*/
```

```
int create_course_table();                       /*创建课程表*/
int create_teacher_table();                      /*创建教师表*/
int insert_rows_into_student_table();            /*对学生表添加记录*/
int insert_rows_into_sc_table();                 /*对成绩表添加记录*/
int insert_rows_into_course_table();             /*对课程表添加记录*/
int current_of_delete_for_student();             /*对学生表删除记录*/
int current_of_delete_for_sc();                  /*对成绩表删除记录*/
int current_of_delete_for_course();              /*对课程表删除记录*/
int current_of_update_for_student();             /*对学生表修改记录*/
int current_of_update_for_sc();                  /*对成绩表修改记录*/
int current_of_update_for_course();              /*对课程表修改记录*/
int sel_student_total_grade_by_sno();            /*输入学生学号,统计该生的成绩*/
int using_struct_array_to_total_s_sc();          /*分学生统计学生成绩*/
int using_struct_array_to_total_c_sc();          /*分课程统计学生成绩*/
int using_struct_array_to_total_ty();            /*通用统计功能*/
int sel_student_by_sno();                        /*输入学生学号,显示该生的信息*/
int using_struct_array_to_list_s_sc_c();         /*显示学生课程成绩表*/
int using_struct_array_to_list_table_names();    /*显示数据库用户表名*/
int using_struct_array_to_list_student();        /*显示所有学生的信息*/
int using_struct_array_to_list_sc();             /*显示所有成绩表信息*/
int using_struct_array_to_list_course();         /*显示所有课程表信息*/
void ErrorHandler(void);                         /*显示错误信息子程序*/
void pause();                                    /*暂停子程序*/
int create_table(char *table_name);              /*创建表函数*/
int init_student_table();                        /*初始化学生表函数*/
int init_course_table();                         /*初始化课程表函数*/
int init_sc_table();                             /*初始化成绩表函数*/
int get_n_student();                             /*获取学生表中记录的个数*/
int get_n_course();                              /*获取课程表中记录的个数*/
int get_n_sc();                                  /*获取成绩表中记录的个数*/
struct student                                   /*学生表记录结构*/
{
    char sno[6];
    char sname[10];
    char ssex[3];
    int  sage;
    char sdept[3];
}s_student[N_STUDENT];
struct course                                    /*课程表记录结构*/
{   char cno[6]; char cname[10]; char cpno[10]; int  ccredit;
}s_course[N_COURSE];
struct sc                                        /*成绩表记录结构*/
{   char sno[6]; char cno[6]; int  grade;
}s_sc[N_SC];
struct                                           /*学生课程成绩记录结构*/
{   char sno[6]; char sname[10]; char ssex[3]; int sage;
    char sdept[3]; char cno[6]; char cname[10]; int grade;
```

```
}s_s_sc_c;
struct                                    /*分学生统计学生成绩表记录结构*/
{   char sno[6]; char sname[10]; int count_grade; int sum_grade;
    int avg_grade; int min_grade; int max_grade;
}total_s_sc[N_STUDENT];
struct                                  /*分课程成绩统计学生成绩表记录结构*/
{   char cno[6]; char cname[10]; int count_grade; int sum_grade;
    int avg_grade; int min_grade; int max_grade;
}total_c_sc[N_COURSE];
int n_student=0;                          /*学生表中的记录个数*/
int n_course=0;                           /*课程表中的记录个数*/
int n_sc=0;                               /*成绩表中的记录个数*/
int is_sort=1;                   /*是否在排序后显示,1表示排序,0表示不排序*/
int main(void)
{   char fu;                              /*定义菜单选择符*/
    for(;;)                               /*循环显示菜单,并调用功能子程序*/
    {   printf("Please select one function to execute:\n\n");
        printf(" 0--exit.\n");
        printf(" 1--创建学生表      6--添加成绩记录    b--删除课程记录    g--显示
        成绩记录    \n");
        printf(" 2--创建课程表      7--修改学生记录    c--删除成绩记录    h--学生
        课程成绩表 \n");
        printf(" 3--创建成绩表      8--修改课程记录    d--按学号查学生    i--统计
        某学生成绩 \n");
        printf(" 4--添加学生记录    9--修改成绩记录    e--显示学生记录    j--学生
        成绩统计表 \n");
        printf(" 5--添加课程记录    a--删除学生记录    f--显示课程记录    k--课程
        成绩统计表 \n");
        fu='0';                      /*fflush(stdin);清除键盘缓冲区中的所有内容*/
        fu=getchar();
        if (fu=='0') exit(0);
        if (fu=='1') create_student_table();
        if (fu=='2') create_course_table();
        if (fu=='3') create_sc_table();
        if (fu=='4') insert_rows_into_student_table();
        if (fu=='5') insert_rows_into_course_table();
        if (fu=='6') insert_rows_into_sc_table();
        if (fu=='7') current_of_update_for_student();
        if (fu=='8') current_of_update_for_course();
        if (fu=='9') current_of_update_for_sc();
        if (fu=='a') current_of_delete_for_student();
        if (fu=='b') current_of_delete_for_course();
        if (fu=='c') current_of_delete_for_sc();
        if (fu=='d') sel_student_by_sno();
        if (fu=='e') using_struct_array_to_list_student();
        if (fu=='f') using_struct_array_to_list_course();
        if (fu=='g') using_struct_array_to_list_sc();
```

```
        if (fu=='h') using_struct_array_to_list_s_sc_c();
        if (fu=='i') sel_student_total_grade_by_sno();
        if (fu=='j') using_struct_array_to_total_s_sc();
        if (fu=='k') using_struct_array_to_total_c_sc();
        pause();                              /* 暂停,按任意键继续 */
    }
    return 0;
}
```

程序的运行界面如图 14.2 所示。

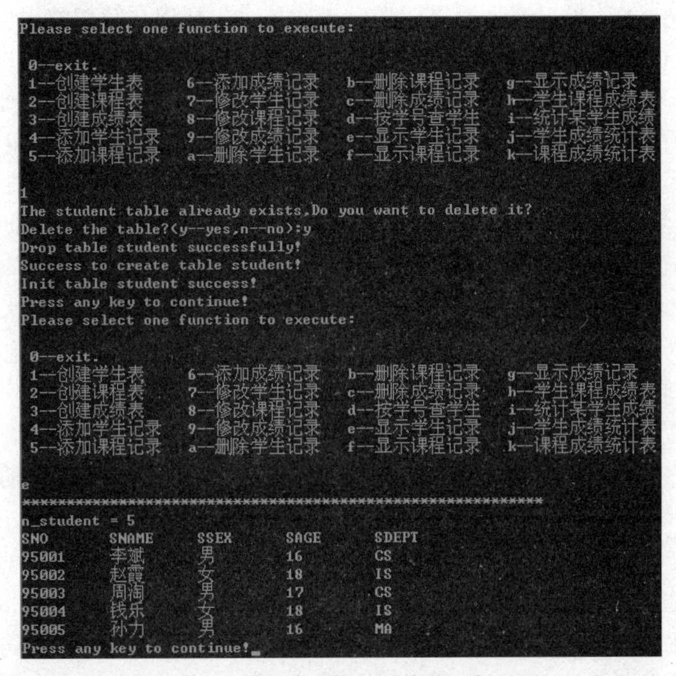

图 14.2　学生学习管理系统的运行界面

(2) 学生表的初始创建。该系统主要由学生、课程和成绩 3 张保存数据的表组成。初始运行时一般要先创建它们,这里介绍创建学生表(student)的程序。其算法思想是,程序先判断是否已经存在 student 数据文件,若有,询问是否要先删除该文件,根据回答决定是否实现文件的初始化。初始化程序准备了 5 个学生的记录数据,放在结构化数组中,以二进制数据块格式循环写入 student 表数据文件中。该程序见如下二维码。

【二维码：学生表的初始创建】：＊xt-14——(2)学生表的初始创建.docx

(3) 学生表记录的添加。表记录的添加程序功能比较简单,其算法思想是,主要通过循环结构反复询问输入新学生的记录数据,输入时先输入学生学号,当判断是新学生时才要求输入学生的其他信息,输入完成后添加到 student 表文件的末尾。该程序中以注释方式给出了保存数据的不同处理方式。该程序见如下二维码。

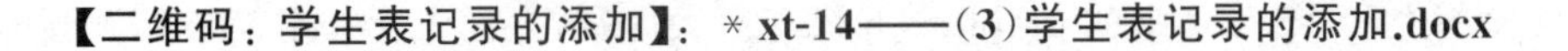

【二维码：学生表记录的添加】：＊xt-14——(3)学生表记录的添加.docx

(4) 学生表记录的修改。修改表记录的程序的算法思想是，首先输入学生学号，在结构数组中找到该学生后，才要求输入学生的新信息，学生信息的更新操作，在定位后利用随机写入的方式进行，这样能保证实现更快的文件更新操作。该程序见如下二维码。

【二维码：学生表记录的修改】：＊xt-14——(4)学生表记录的修改.docx

(5) 学生表记录的删除。删除表记录的程序的算法思想是，通过循环反复询问是否要继续删除操作，在删除操作前，首先要求输入待删除学生的学号，然后查找是否有该学生信息。若有则再进一步查找该学生是否还有选课信息，若有则肯定不能实现删除操作，否则会违反参照完整性，若无才可以实施删除操作。删除记录先在内存结构数组中实现，删除一个当前结构体数组元素，通过将从当前结构体数组元素（即当前要准备删除的数组元素）后的一个元素到最后一个数组元素整体前移一个元素位置来实现，在实施多次删除操作后，最后再一次性地把内存结构数组中的数据更新到学生数据文件中。该程序见如下二维码。

【二维码：学生表记录的删除】：＊xt-14——(5)学生表记录的删除.docx

(6) 学生表记录数据的显示。显示表记录的程序非常容易，只要直接通过循环逐行输出结构数组中的数组元素数据就行了。这里，在显示前会根据排序（小到大顺序）指示变量 is_sort 的值来决定是否要排序后再输出显示。结构数组的排序采用冒泡排序方法实现。该程序见如下二维码。

【二维码：学生表记录数据的显示】：＊xt-14——(6)学生表记录数据的显示.docx

(7) 实现统计功能（分学生统计成绩情况）。本统计功能要求统计输出每个学生的学号、姓名、选课数、总成绩、平均成绩、最高成绩与最低成绩等信息。程序的算法思想是，利用一个存放统计信息的结构体数组（total_s_sc）来存放以上这些统计信息。成绩数据主要来自成绩表，为此，程序先通过循环遍历学生选课成绩表（数据已放 s_sc 结构体数组）来统计信息，并把统计到的信息存放在结构体数组 total_s_sc 中，最后通过循环逐行输出各学生的成绩统计信息。该程序见如下二维码。

【二维码：按学生统计成绩情况】：＊xt-14——(7)实现统计功能.docx

其他类似功能程序可参阅以上程序设计完成，限于篇幅，对其他功能程序的介绍略。

本系统的完整程序见如下二维码。

【二维码：利用结构体数组实现的完整程序】：＊xt-14——学生成绩管理系统.docx

【二维码：利用结构体链表实现的完整程序】：＊xt-14——学生成绩管理系统（链表方法）.docx

14.4 模拟时钟的实现

本例是关于 C 语言实现绘图功能的一个例子。在 VC++ 2010 中安装 EasyX 库，能达到集成 VC 方便的开发平台和 TC 简单的绘图功能的效果。

EasyX 在使用上和 TC/BC 中的 graphics.h 没有太大区别，下面先看一个简单的画圆的例子。

```
#include <graphics.h>                    //这样引用 EasyX 图形库,程序以.cpp 为扩展名
#include <conio.h>
int main(void)
{   initgraph(640, 480);                 //这里和 TC 略有区别
    circle(100, 100, 60);                //画圆,圆心为(100, 100),半径为 60
    _getch();                            //按任意键继续
    closegraph();                        //关闭图形界面
}
```

下载并安装 EasyX,请参考 https://easyx.cn/。

EasyX 的使用范例,请参考 https://easyx.cn/samples/。

下面介绍一个模拟时钟的实现范例。

```
//////////////////////////////////////////////////////
//编译环境:Visual C++2010,EasyX 库                  //
//////////////////////////////////////////////////////
#include <graphics.h>                    //引用 EasyX 图形库,程序以.cpp 为扩展名
#include <windows.h>
#include <conio.h>
#include <math.h>
#define PI 3.1415926
int main(void)
{   /*函数原型声明*/
    void DralDial();                     /*画表盘*/
    void DrawDecoration();               //画装饰
    void DrawHand(int hour, int minute, int second);      //画指针
    initgraph(600, 600);                 //初始化 600×600 的绘图窗口
    setbkcolor(RGB(245, 247, 222));      //设置背景色
    cleardevice();                       //清空屏幕
    DrawDecoration();                    //画装饰
    DralDial();                          //画表盘
    //刻名字
    setcolor(RED);
    settextstyle(32, 0, _T("宋体"));      // 设置字体
    ///outtextxy(260, 130, (LPCTSTR)"Clock");
    outtextxy(260, 130, (TCHAR)'C');
    outtextxy(260+15*1, 130, (TCHAR)'l');
    outtextxy(260+15*2, 130, (TCHAR)'o');
    outtextxy(260+15*3, 130, (TCHAR)'c');
    outtextxy(260+15*4, 130, (TCHAR)'k');
    setwritemode(R2_XORPEN);             //设置异或绘图方式
    SYSTEMTIME t;                        //定义变量,保存当前时间
    while(!kbhit()){
        GetLocalTime(&t);                //获取当前时间
        DrawHand(t.wHour, t.wMinute, t.wSecond);      //画表针
        Sleep(1000);
```

```
        DrawHand(t.wHour, t.wMinute, t.wSecond);      //擦表针
    }
    closegraph();                                     //关闭绘图窗口
    return 0;
}
void DralDial()                                       /*画表盘*/
{   int i,x1, y1, x2, y2, x3, y3, x4, y4, x5, y5;     //表心坐标系坐标
    char rome[][3]={"12","1", "2", "3", "4", "5", "6", "7", "8", "9", "10", "11"};
                                                      //表盘数字
    //画4个圆
    setcolor(LIGHTGRAY);
    circle(300, 300, 250);circle(300, 300, 30);
    circle(300, 300, 260);circle(300, 300, 270);
    for(i=0; i<59; i++){
        //画60条短线
        setcolor(LIGHTGRAY);
        x1=(int)(300+(sin(i*PI/30)*250)); y1=(int)(300-(cos(i*PI/30)*250));
        x2=(int)(300+(sin(i*PI/30)*260)); y2=(int)(300-(cos(i*PI/30)*260));
        line(x1, y1, x2, y2);
        //画12个三角形
        setfillstyle(BLACK);
        if(i%5==0){
            x3=(int)(x1+sin((i+5)*PI/30)*12);
            y3=(int)(y1-cos((i+5)*PI/30)*12);
            x4=(int)(x1+sin((i-5)*PI/30)*12);
            y4=(int)(y1-cos((i-5)*PI/30)*12);
            x5=(int)(290+(sin((i-0.2)*PI/30)*220));
            y5=(int)(290-(cos((i-0.2)*PI/30)*220));
            POINT triangle[6]={x1, y1, x3, y3, x4, y4};
            setfillcolor(BLACK);              //setcolor(BLACK);
            fillpolygon(triangle,3);          //fillpoly(3,triangle);
            //写表盘数字
            setcolor(RED);
            settextstyle(24, 0, _T("黑体"));
                                      //设置字体,也可用setfont(24, 0, "黑体");
            outtextxy(x5 , y5, (TCHAR)rome[i / 5][0]);
            outtextxy(x5+8, y5, (TCHAR)rome[i / 5][1]);
            //outtextxy(x5 , y5, (LPCTSTR)rome[i / 5]);
        }
    }
}
void DrawDecoration()                                 //画装饰
{   double i; int x1, y1, x2, y2;                     //表心坐标系坐标
    //极坐标系,画函数图像
    setcolor(RGB(250, 225, 222));
    for(i=0; i<10*PI ; i+=0.4){
        x1=(int)(300+(250*sin(2.4*i)));
```

```
        y1=(int)(300-(250*cos(2.4*i)));
        x2=(int)(300+(250*sin(2.4*(i+1))));
        y2=(int)(300-(250*cos(2.4*(i+1))));
        line(x1, y1, x2, y2);
    }
}
void DrawHand(int hour, int minute, int second)                    //画指针
{   int xhour, yhour, xminute, yminute, xsecond, ysecond;          //表心坐标系指针坐标
    xhour=(int)(130*sin(hour*PI/6+minute*PI/360+second*PI/1800));
    yhour=(int)(130*cos(hour*PI/6+minute*PI/360+second*PI/1800));
    xminute=(int)(145*sin(minute  * PI/30+second*PI/1800));
    yminute=(int)(145*cos(minute  * PI/30+second*PI/1800));
    xsecond=(int)(200*sin(second*PI/30));
    ysecond=(int)(200*cos(second*PI/30));
    //画时针
    setlinestyle(PS_SOLID, NULL, 10);
    setcolor(LIGHTGRAY);
    line(300+xhour, 300-yhour, 300-xhour/6, 300+yhour/6);
    //画分针
    setlinestyle(PS_SOLID, NULL, 7);
    setcolor(RGB(222, 158, 107));
    line(300+xminute, 300-yminute, 300-xminute/4, 300+yminute/4);
    //画秒针
    setlinestyle(PS_SOLID, NULL, 3);
    setcolor(RED);
    line(300+xsecond, 300-ysecond, 300-xsecond/3, 300+ysecond/3);
}
```

程序的运行效果如图14.3所示。

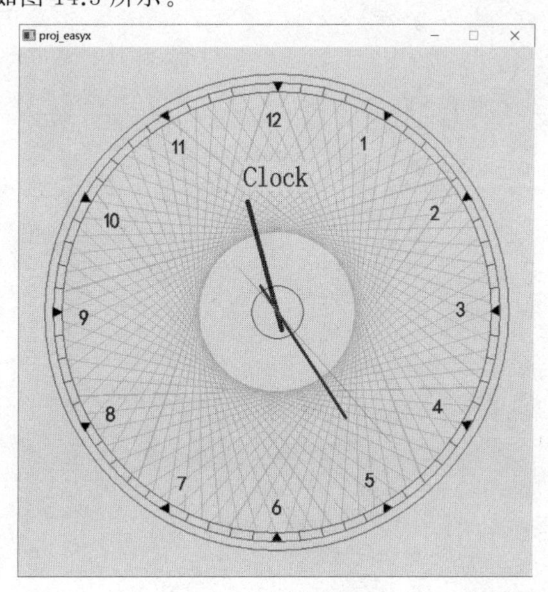

图14.3 程序效果图

说明：该程序的原理其实很简单，先初始化600×600的绘图窗口，然后设置背景色，清空屏幕，画表盘，表盘是仿照一张图片画的。接着画装饰与刻名字，设置异或绘图方式，定义时间变量后，每隔一秒循环“获取当前时间，画指针，擦表针”，这样，表针不断“走动”，就产生了时钟的效果，最后按Esc键或关闭窗口结束程序的运行。

注意：其中，画指针、擦表针利用了异或绘图方式。

习　题

1. 图书借阅信息管理系统。
2. 简单计算器的设计与实现。
3. 万年历的显示。
4. 时钟设计与实现。

说明：对以上习题的参考解答略，随书资料会提供部分功能源程序作为参考。

第 3 部分

新编 C 语言程序设计测试

第 1 章　试卷与参考答案

1.1　C 语言期末考试卷 A 及其参考答案

“C 语言程序设计”2018—2019-1 期末考试卷(A)

使用专业、班级________学号________姓名________

题　数	一	二	三	四	总　　分
得　分					

一、单项选择题(每小题 2 分,共计 50 分)

1. 一个 C 程序的执行是从(　　)。
   A. 本程序文件的第一个函数开始,到本程序文件的最后一个函数结束
   B. 本程序的 main()函数开始,到本程序文件的最后一个函数结束
   C. 本程序的 main()函数开始,到 main()函数结束
   D. 本程序文件的第一个函数开始,到本程序文件的最后一个函数结束
2. C 语言程序的基本组成单位是(　　)。
   A. 程序　　B. 文件　　C. 语句　　D. 函数
3. 下列选项中不属于结构化程序设计原则的是(　　)。
   A. 可循环　　B. 自顶向下　　C. 模块化　　D. 逐步求精
4. 下面不正确的字符串常量是(　　)。
   A. 'a\0'　　B. "12\'12"　　C. "0"　　D. "\0"
5. 下列能对字符数组 str 实现正确输入的语句是(　　)。
   A. scanf("%c",str);
   B. scanf("%s",str[0]);
   C. scanf("%s",str);
   D. for(i=0;i<sizeof(str);i++)scanf("%c",str[i]);
6. 若变量 a,i 已正确定义,且 i 已正确赋值,合法的语句是(　　)。
   A. a==1　　B. ++i;　　C. a=a++=5;　　D. a+=i
7. 在 C 语言中,int 整型数据在内存中的存储形式是(　　)。
   A. 补码　　B. 反码　　C. ASCII 码　　D. 原码
8. 设以下变量均为 int 类型,表达式的值不为 7 的是(　　)。
   A. (x=y=6,x+y,x+1)　　B. (x=y=6,x+y,y+1)
   C. (x=6,x+1,y=6,++x+1)　　D. (y=6,1+y,x=y,x+1)

9. 设 a=2,b=3,c=4,则表达式 a+b>c&&b==c&&a||++a-b&&b+c 的值为(　　)。

A. 5　　B. 7　　C. 0　　D. 1

10. 有如下程序,其输出结果是(　　)。

```
int main(void)
{  int a=2,b=-1,c=2;
   if(a<b) b++;c++;
   if(b<0) a++;
   else c++;
   printf("%d\n",c);
}
```

A. 0　　B. 1　　C. 2　　D. 3

11. 设 x,y 都为整型变量,下列 if 语句中不正确的是(　　)。

A. if(x>y);

B. if(x==y) x+=y;

C. if(x!=y) scanf("%d",&x) else x=1;

D. if(x);

12. 下面程序段的运行结果是(　　)。

```
int a=1,b=2,c=2,t;
while (a<b<c){t=a;a=b;b=t;c--;}
printf("%d,%d,%d",a,b,c);
```

A. 1,2,0　　B. 2,1,0　　C. 1,2,1　　D. 2,1,1

13. 以下叙述正确的是(　　)。

A. continue 语句的作用是结束整个循环的执行

B. 只能在循环体内和 switch 语句体内使用 break 语句

C. 在循环体内使用 break 和 continue 语句的作用相同

D. 从多层循环嵌套中退出,只能使用 goto 语句

14. 已定义"int i;char x[7];",为了给 x 数组赋值,以下正确的语句是(　　)。

A. x[6]="Hello!";　　B. x="Hello!";

C. x[0]="Hello!";　　D. for(i=0;i<7;i++) x[i]=getchar();

15. 若有说明：int a[][3]={1,2,3,4,5,6,7};,则数组 a 的第一维大小是(　　)。

A. 2　　B. 3　　C. 4　　D. 无确定值

16. 以下程序段的输出结果为(　　)。

```
char str[]="Hello!\0Hi!"; printf("%d %d\n",strlen(str),sizeof(str));
```

A. 11 11　　B. 6 6　　C. 11 6　　D. 6 11

17. C 语言中规定,简单变量作实参时,它和对应形参之间的数据传递方式是(　　)。

A. 地址传递

B. 单向值传递

C. 由实参传给形参,再由形参传给实参

D. 用户可指定传递方式

18. 在一个文件中定义的全局变量的作用域为(　　)。

A. 本程序的全部范围

B. 函数内全部范围

C. 离定义该变量的位置最近的函数

D. 该变量定义位置到本文件结束(并还可由全局变量声明语句来扩展其作用域)

19. 若已定义的函数有返回值,则以下关于该函数调用的叙述错误的是(　　)。

A. 函数调用可以作为独立的语句存在

B. 函数调用可以出现在表达式中

C. 函数调用可以作为一个函数的形参

D. 函数调用可以作为一个函数的实参

20. 若有以下语句

```
int x =3;
do {
    printf("%d\n", x -=2);
} while (!(--x));
```

则上面程序段(　　)。

A. 输出的是1　　　　B. 输出的是1和－2

C. 输出的是3和0　　　　D. 是死循环

21. 执行以下程序后,y的值是(　　)。

```
int main(void)
{  int a[]={2,4,6,8,10}, y=1,x, *p=a;
   for(x=0;x<3;x++) y+=*(p+x);
   printf("%d\n",y);
}
```

A. 13　　B. 12　　C. 11　　D. 10

22. 设有如下函数定义:

```
int fun(char *s)
{  char *p=s;
   while(*p) p++;
   return(p-s);
}
```

如果在程序中用“printf("%d",fun("good\0bye"));”调用该函数,则结果为(　　)。

A. 5　　B. 4　　C. 8　　D. 7

23. 设有以下语句:

```
struct st{ int n; struct st *next;};
struct st a[3]={5,&a[1],7,&a[2],9, '\0'}, *p;
p=&a[0];
```

则以下表达式的值为 6 的是(　　)。

A. p++->n　　B. p->n++　　C. (*p).n++　　D. ++p->n

24. 以下对结构体变量 stu1 中成员 age 非法引用的是(　　)。

```
struct student { int age;int num;} stu1, * p; p=&stu1;
```

A. stu1.age　　B. *p.age　　C. p->age　　D. (*p).age

25. 需要以写方式打开当前目录下一个名为 file.txt 的文本文件，下列正确的选项是(　　)。

A. fopen("file.txt","w");　　B. fopen("file.txt","r");

C. fopen("file.txt","wb");　　D. fopen("file.txt","rb");

二、填空题(每空 2 分，共计 20 分)(每空只填一个表达式或一条语句)

1. 程序实现加、减、乘、除整数四则运算。如输入 12*5，输出 12*5=60。

```
#include <stdio.h>
int main(void)
{  int a,b,d;  char ch;
   printf("Please input a expression:");
   scanf("%d%c%d", ____【1】____ );
   switch(ch)
   {  case '+': d=a+b; printf("%d+%d=%d\n",a,b,d); break;
      case '-': d=a-b; printf("%d-%d=%d\n",a,b,d); break;
      case '*': d=a*b; printf("%d*%d=%d\n",a,b,d); break;
      case '/': if ( ____【2】____ ) printf("除数为 0 了\n");
                else printf("%d/%d=%f\n",a,b,(float)a/b); break;
      default : printf("Input Operator error!\n");
   }
}
```

2. 假设有 2044 个西瓜，第一天卖了一半多两个，以后每天卖剩下的一半多两个，求几天后能卖完。补充完善程序，以实现其功能。

```
#include <stdio.h>
int main(void)
{  int day,x1,x2;
   day=0;
   x1=2044;
   while ( ____【3】____ )
   {
      x2= ____【4】____ ;
      x1=x2;
      day++;
   }
   printf("day=%d\n",day);
}
```

3. 以下程序的功能是：统计字符串 s 中各大写字母的个数，并顺序输出字符串 s 中出现的各大写字母的个数，输出形式类似“A:2,C:1,…,Z:2,”。补充完善程序，以实现其功能。

```
#include <stdio.h>
int main(void)
{   int num[26],i=0;
    char s[20]={'v','A','F','b','F','t','e','G','H','P','#','\0'};
    for(i=0;i<26;i++) num[i]=0;
    i=0;
    while(s[i])
    {
        if ( 【5】 )
          num[s[i]-65]+=1;   //说明:大写字母 A 的 ASCII 为 65
        i++;
    }
    for(i=0;i<26;i++)
        if(num[i]) printf("%c:%d,", 【6】 ,num[i]);
}
```

4. 以下程序中的功能是调用 rowmax 函数，实现在 N 行 M 列的矩阵中找出每一行上的最大值。

```
#define N 3
#define M 4
#include<stdio.h>
void rowmax(int x[N][M])
{   int i,j,p;
    for(i=0;i<N;i++)
    {  p=0;
        for(j=1;j<M;j++) if ( 【7】 <x[i][j]) p=j;
        printf("第%d行,最大的是第%d个。\n",i+1,p+1);
    }
}
int main(void)
{   int a[N][M]={1,4,7,11,0,7,9,8,2,3,1,10};
 【8】 ;
}
```

5. 以下程序调用 fun 函数把整型值 x 插入数组 s 下标为 k 的数组元素中(原下标 k 及后面的数组元素后移 1 位)。主函数中，n 存放 a 数组中数据的个数，调用函数后输出全部数组元素。请填空。

```
#include <stdio.h>
void fun(int s[],int *n,int k,int x)
{   int i;
    for(i=*n-1;i>=k;i--) s[ 【9】 ]=s[i];
```

```
    s[k]=x;
    *n=*n+ 【10】 ;
}
int main(void)
{   int a[20]={1,2,3,4,5,6,8,9,10,11,12},i,x=7,k=6,n=11;
    fun(a,&n,k,x);
    for(i=0;i<n;i++) printf("%4d",a[i]);
}
```

三、阅读程序写出结果(每题2分,共计20分)

1. 若程序中已给整型变量a和b赋值10和20,请写出按"a=10,b=20"格式输出a、b值的语句________;。

2. 以下程序运行时输出结果是________。

```
#include<stdio.h>
int main(void)
{
    int a=0,b=0,c=1,d=10;
    if (a)  d=d-5;
    else if (c) if (!b) {if (d==15) d=25;}
                else if (d==25) d=35;
    printf("%d\n",d);
}
```

3. 下面程序的输出结果是________。

```
#include <stdio.h>
int main(void)
{   int a[4]={1,2,3,4}, *p;
    p=&a[2];
    printf("%d ",++*p);
    printf("%d\n", *--p);
}
```

4. 下面程序的输出结果是________。

```
#include <stdio.h>
int main(void)
{   int i,n[4]={1};
    for(i=1;i<=3;i++)
    {   n[i]+=n[i-1]*3+1;
        printf("%d  ",n[i]);
    }
}
```

5. 下面程序的输出结果是________。

```
#include <stdio.h>
int main(void)
{
   char s[]="2345678";
   int c[5]={0},k,i=0;
   for(k=0;s[k];k++)
   {
      switch(s[k])
      {   case '3':i=1; break;
          case '4':i=2; break;
          case '5':i=3;
          case '6':i=4; break;
      }
      c[i]++;
   }
   for(k=0;k<5;k++) printf("%d",c[k]);
}
```

6. 下面程序的输出结果是________。

```
#include <stdio.h>
long fib(int x)
{  switch(x)
   {
      case 0: return 0;
      case 1:
      case 2:  return 1;
    }
    return (fib(x-1)+fib(x-2));
}
int main(void)
{  int x=6;
   printf("%d",fib(x));
}
```

7. 下面程序的输出结果是________。

```
#include <stdio.h>
int main(void)
{
   FILE * fp;
   int i,k=0,n=0;
   fp=fopen("d1.dat","w");
   for(i=1;i<4;i++) fprintf(fp,"%d",i);
   fprintf(fp,",%d",i);
   fclose(fp);
   fp=fopen("d1.dat","r");
```

```
    fscanf(fp,"%d,%d",&k,&n);
    printf("%d,%d\n",k,n);
    fclose(fp);
}
```

8. 下面程序的输出结果是________。

```
#include <stdio.h>
int x1=30,x2=40;   //全局变量定义
void swap(int x,int y);
int main(void)
{   int x3=10,x4=20;
    swap(x3,x4);
    swap(x2,x1);
    printf("%d,%d,%d,%d\n",x3,x4,x1,x2);
}
void swap(int x,int y)
{
    x1=x;
    x=y;
    y=x1;
}
```

9. 下面程序的输出结果是________。

```
#include <stdio.h>
int main(void)
{
    int a[] ={9,1,3,8,2,4}, i, j, t;
    for(i=1; i<6; i++)
    {
        t =a[i];
        for(j=i-1; j>=0 && t>a[j]; j--)
            a[j+1] =a[j];
        a[j+1] =t;
    }
    for(i =0;i<5; i++) printf("%d,",a[i]);
    printf("%d",a[i]);
}
```

10. 下面程序的输出结果是________。

```
#include <stdio.h>
int main(void)
{
    int aa[5][5]={{5,6,1 ,8},
                  {1,2,3 ,4},
                  {1,2,5 ,6},
```

```
            {5,9,10,2}},i,s=0;
    for(i=0;i<5;i++)
        s+=aa[i][i]+aa[i][4-i];
    printf("%d",s);
}
```

四、编程题(第1题4分、第2题6分,共计10分)

要求:请在下面各题相应空白处填写程序代码,编写出完整程序。

1. 给定一个十进制整数n,输出n(0 ≤ n ≤ 1 000 000 000)的各位数字之和。

输入一个整数n;输出一个整数,表示答案。

例如:若输入20151220,输出13。

(说明:20151220的各位数字之和为2+0+1+5+1+2+2+0=13。)

注意:已有的程序不能做任何改变,自己编写的程序代码一般不能超过8行。

```
#include <stdio.h>
int main(void)
{
    int n, sum=0;   // n为输入数,sum存放各位数字之和




}
```

2. 请编写一个函数fun,它的功能是:给定x值,求出1~x(含x)能被3或5整除的所有整数,并把它们放在数组a中,满足条件的整数个数通过函数值返回。

例如,若传送给x的值是30,则程序输出:3 5 6 9 10 12 15 18 20 21 24 25 27 30。

注意:已有的程序不能做任何改变,自己编写的程序代码一般不能超过10行。

```
#include <stdio.h>
#define M 100
int fun( int x, int a[])
{




}
int main(void)
{  int aa[M], n, k;
   n =fun ( 30, aa );
   for ( k =0; k <n; k++)
     if((k+1)%20==0) printf("%4d\n", aa[k]);
     else printf("%4d", aa[k]);
   printf("\n");
```

```
    return 0;
}
```

"C语言程序设计"2018—2019-1期末考试(A)答题纸及参考答案

使用专业、班级________学号________姓名________

题　数	一	二	三	四	总　分
得　分					

一、单项选择题(每小题2分,共计50分)

1.	2.	3.	4.	5.	6.	7.	8.	9.	10.
C	D	A	A	C	B	A	C	C	D
11.	12.	13.	14.	15.	16.	17.	18.	19.	20.
C	A	B	D	B	D	B	D	C	B
21.	22.	23.	24.	25.					
A	B	D	B	A					

二、填空题(每空2分,共计20分)

序号	答案	序号	答案
【1】	&a,&ch,&b	【6】	'A'+i
【2】	b==0	【7】	x[i][p]
【3】	x1	【8】	rowmax(a)
【4】	x1/2-2	【9】	i+1
【5】	s[i]>='A' && s[i]<='Z'	【10】	1

三、阅读程序写出结果(每题2分,共计20分)

序号	答案	序号	答案
1.	printf("a=%d,b=%d",a,b)	6.	8
2.	10	7.	123,4
3.	4　2	8.	10,20,40,40
4.	4　13　40	9.	9,8,4,3,2,1
5.	11104	10.	32

四、编程题(第1题4分、第2题6分,共计10分)

1.
```
#include<stdio.h>
int main(void){
   int n, sum=0;     scanf("%d", &n);
   while(n)
   {
      sum +=n %10;
      n /=10;
   }
   printf("%d\n", sum);
}
```

2.
```
#include <stdio.h>
#define M 100
int fun ( int x, int  a[])
{
   int i,n=0;
   for(i=1;i<=x;i++)
      if (i %3==0 ||i %5==0)
      {
         a[n]=i;
         n++;
      }
   return n;
} int main(void){ //省略,见试卷 }
```

1.2 C语言期末考试卷B及其参考答案

"C语言程序设计"2019—2020-1期末考试卷(A)

使用专业、班级________学号________姓名________

题　数	一	二	三	四	总　分
得　分					

一、单项选择题(每小题2分,共计50分)

1. 以下不正确的说法是(　　)。
   A. 函数中的静态变量在函数每次调用时,都会重新设置初值
   B. 静态变量如果没有指定初值,则其初值为0
   C. 局部变量如果没有指定初值,则其初值不确定
   D. 全局变量、静态变量的初值是在编译时指定的
2. 若使用一维数组名作为函数实参,则以下说法正确的是(　　)。

A. 必须在被调函数中说明数组的大小

B. 实参数组与形参数组类型可以不匹配

C. 实参数组与形参数组的大小可以不一致

D. 实参数组名与形参数组名必须一致

3. 若有定义：int a=7;float x=3.5,y=4.7;

则表达式 x+a%3*(int)(x+y)%3/(float)4.0 的值是(　　)。

A. 3.500000　　B. 2.500000　　C. 2.750000　　D. 4.000000

4. 已知 x,y,z 均为整型变量,且值均为 1,则计算(x--||++y&&++z)条件表达式后,表达式 x+y+z 的值为(　　)。

A. 0　　B. 3　　C. 2　　D. 1

5. 以下叙述不正确的是(　　)。

A.一个 C 源程序可由一个或多个函数组成

B. C 程序的基本组成单位是函数

C. 一个 C 源程序必须包含一个 main()函数

D. C 语言源程序经编译形成的二进制代码可以直接运行

6. 当说明一个共用体变量时系统分配给它的内存是(　　)。

A. 各成员所需内存量的总和

B. 第一个成员所需内存量

C. 成员中占内存量最大者所需内存量

D. 最后一个成员所需内存量

7. C 源程序中不能表示的数制是(　　)。

A. 十进制　　B. 二进制　　C. 十六进制　　D. 八进制

8. 下列选项中不属于结构化程序设计原则的是(　　)。

A. 自顶向下　　B. 模块化　　C. 可循环　　D. 逐步求精

9. 下列符号中属于 C 语言合法标识符的是(　　)。

A. while　　B. _123　　C. 123　　D. a-123

10. 关于字符数组 str(其定义为：char str[10];)的正确字符串输入语句是(　　)。

A. scanf("%s",str[10]);　　B. scanf("%c",&str[0]);

C. scanf("%s",str[0]);　　D. scanf("%s",str);

11. 下列定义中不正确的是(　　)。

A. int i,j;　　B. int i=j=2;　　C. int i=2,j=3;　　D. int i;int j;

12. 在 C 语言中,char 字符型数据在内存中的存储形式是(　　)。

A. 补码　　B. 字符　　C. ASCII 码　　D. 原码

13. 对下面程序(前面有行编号)的语法分析,正确的说法是(　　)。

```
(1) #include <stdio.h>
(2) int main(void)
(3) {   int a,b=1,c=2;
(4)       a=b+c,a+b,c+3;
(5)       c=(c)? a++:b--;
```

(6)　　printf("c=%d/n",(a+b,c));
(7) }

A. 第4行有语法错误　　B. 第5行有语法错误
C. 第6行有语法错误　　D. 无语法错误

14. 以下不正确的语句是(　　)

A. if (x>y);
B. if (x==y)&&(x! =0) x+=y;
C. if (x<y) {x++; y++;}
D. if (x! =y) scanf("%d", &x); else scanf("%d", &y);

15. 在下列选项中,没有构成死循环的程序段是(　　)。

A. int i=1;
　while(1){i=i%100+1; i++;
　　if(i>100) break;}
B. for(;;);
C. int k=1000;
　do{++k;} while(--k>=1000);
D. int s=36;
　while(s); --s;

16. 以下程序的输出结果为(　　)。

```
#include <stdio.h>
int main(void)
{  char p[]="123",q[10]={ '1','2','3'};
   printf("%d %d\n",sizeof(p),sizeof(q)); return 0;
}
```

A. 3 10　　B. 4 10　　C. 3 3　　D. 4 3

17. 以下程序的输出结果是(　　)。

```
int main(void)
{  int a[3][3]={{1,2},{3,4},{5,6}},i,j,s=1;
   for(i=1;i<3;i++)
     for(j=0;j<=i;j++) s+=a[i][j];
   printf("%d",s);
}
```

A. 19　　B. 20　　C. 21　　D. 22

18. 设 max()返回整型值,各变量均是整型的,下列语句中不正确的是(　　)。

A. c=2 * max(a,b);　　B. m=max(a,max(a,b));
C. max(a,b);　　D. int max(int a,int max(b,c));

19. 设有定义 double a[10], * s=a;,以下能够代表数组元素 a[3]的是(　　)。

A. (* s)[3]　　B. * (s+3)　　C. * s[3]　　D. * s+3

20. 若有以下说明和语句:

```
struct student { int num;int age; };
struct student stu[3]={{1001,20},{1002,19},{1003,21}};
struct student *p;
```

```
p=stu;
```

则下面表达式中的值为1002的是(　　)。

A. ++(++p)->num　　B. (p)->num

C. ++(*p++).num　　D. (*p).num

21. 设有如下定义：struct stu {char name[10]; int age; char sex; } st[30], *p=st; 下面输入语句中错误的是(　　)。

A. scanf("%d", &(*p).age);　　B. scanf("%s", &st.name);

C. scanf("%c", &st[0].sex);　　D. scanf("%c", &(p->sex));

22. 调用一个函数时,当形参是非指针型一般变量名(譬如：int i)时,实参和形参之间的数据传递是(　　)。

A. 单纯值传递

B. 单纯地址传递

C. 值传递和地址传递都有可能

D. 由实参传给形参,调用函数后由形参传回给实参,即是双向传递

23. 若要新建立一个名为abc.txt的文本文件,并可以进行写、读操作,下面符合此要求的函数调用是(　　)。

A. fopen("abc.txt","r+")　　B. fopen("abc.txt","w")

C. fopen("abc.txt","rb+")　　D. fopen("abc.txt","w+")

24. 若有局部变量说明：int *p1, *p2, m=5, n;,以下均是语法正确又有意义的赋值语句的最优选项是(　　)。

A. p1=&m; p2=&p1;　　B. p1=&m; p2=&n; *p1=*p2;

C. p1=&m; p1=p2;　　D. p1=&m; p2=&n; *p2=*p1;

25. 执行以下程序后,y的值是(　　)。

```
int main(void)
{  int a[]={2,4,6,8,10}, y=1, x, *p; p=&a[1];
   for(x=0;x<3;x++) y+=x+ *p++;
   printf("%d\n", y);
}
```

A. 22　　B. 21　　C. 20　　D. 19

二、填空题(每空2分,共20分)(每空只填一个表达式或一个语句)

1. 输入两个整数,输出其最大数。

```
#include <stdio.h>
int main(void)
{  int x, y, *max=&x;
   printf("请输入 x,y:\n ");
   scanf("%d,%d", max, &y);
   if (*max<y)  【1】 ;
   printf("最大数为:%d\n ", *max); return 0;
}
```

2. 以下程序中，函数 fun 的功能是：统计形参 s 所指的字符串中数字字符出现的次数，并存放在形参 t 所指的变量中，最后在主函数中输出。

例如，若形参 s 所指的字符串为"abcdef35adgh3kjsdf7"，则输出结果为 4。

```
#include  <stdio.h>
void fun(char * s, int * t)
{
    int i,n;
    n=0;
    for(i=0; 【2】 ; i++)
        if( s[i]>='0'&&s[i]<='9' ) n++;
    【3】 ;
}
int main(void)
{
    char  s[80]="abcdef35adgh3kjsdf7";
    int t;
    printf("\nThe original string is : %s\n",s);
    fun( 【4】 );
    printf("\nThe result is : %d\n",t);
    return 0;
}
```

3. 以下程序的功能是：采用二分法在给定的从小到大有序数组中查找用户输入的值，并显示查找结果。

```
#include "stdio.h"
#define N 10
int main(void)
{
    int a[]={1,2,3,4,5,6,7,8,9,10},k;
    int low=0,high=N-1,mid,find=0;
    printf("请输入要查找的值:");
    scanf("%d",&k);
    while (low<=high)
    {
        mid=(low+high)/2;
        if (a[mid]==k)
        {
            printf("找到位置为:第 %d 个。\n",mid+1);
            find=1;
        }
        if (a[mid]>k) 【5】 ;
        else 【6】 ;
    }
    if (!find) printf("%d未找到。\n",k);
```

```
    return 0;
}
```

4. 以下程序的功能为：找出大于给定整数n(n>0)的连续100个素数。

```
#include<stdio.h>
#include<math.h>
void fun(int m, int a[],int n)
{
    int i,k,j=0,ii;
    for(i=m+1;;i++)
    {  ii=sqrt(i);
       for(k=2;k<=ii;k++)
          if (i %k==0) break;
       if (k==ii+1) {
          a[j++]=i;
          if(j==n) ____【7】____;
       }
    }
}
int main(void)
{
    int n,a[100],m;
    printf("Please enter n:");
    do scanf("%d",&n); while(n<1);
    fun( ____【8】____ );
    for(m=0;m<100;m++)
    {
       printf("%4d ",a[m]);
       if(m %10==9) printf("\n");
    }
    return 0;
}
```

5. 输入一行英文语句,实现语句中英文字母的大小写互换。
例如：
输入:Hello，World!　输出:hELLO，wORLD!

```
#include <stdio.h>
int main(void)
{
    char c[256];
    int i=0;
    while ((c[i++]=getchar())!='\n'); c[i]='\0';
    printf ("%s\n", c);   //输出转换前读取的英文语句
    i=0;
    while(c[i])
```

```
    {
        if ( 【9】 ) c[i]-='a'-'A';
        else if ( 【10】 ) c[i]+='a'-'A';
        i++;
    }
    printf ("%s\n", c);   //输出转换后的英文语句
    return 0;
}
```

三、阅读程序写出结果(每题2分,共20分)

1. 若有：char * p[2][3] = {"abc", "defg", "hi","jklmnop", "qrstuvwxyz", "ABCD"}；则表达式(*(*(p+1)+1))[6]的值为：________。

2. 下面程序的输出结果是：________。

```
#include<stdio.h>
int main(void)
{  int x=6,y=5;
   if (x++>5)
     if (y-->5) printf("%d %d\n",x++,y--);
   else
     printf("%d %d\n",++x,--y);
}
```

3. 若有以下定义：struct { int x; char * y;} tab[2] = {{1, "ab"}, {2, "cd"}}, * p = tab; ,则语句 printf("%c", *(++p)->y); 的输出结果是：________。

4. 下面程序的输出结果是：________。

```
#include<stdio.h>
void sub(int x,int * z){
   * z=2 * --x;
}
int main(void){
   int a=3,b,c;
   sub(a,&b);  sub(b,&c);  sub(c,&a);
   printf("%d,%d,%d\n",a,b,c);
}
```

5. 下面程序的输出结果是：________。

```
#include <stdio.h>
int x =1;  // 全局变量定义
int f1()
{  return (++x);}
int f2(int x)
{  static int y =3;
   x +=y++;
```

```
    return (x++);
}
int main(void)
{   int y,z; y =z =10;
    printf("%d,",f1());
    printf("%d,",f2(x));
    printf("%d\n",f2(x));
}
```

6. 运行下列程序,其输出结果为:________。

```
#include <stdio.h>
int main(void)
{   int p,x=25,flag=0;
    while(!flag)
    {   p=2;flag=1;
        while(flag&&(p <=(x/2)))
            if (x%p==0) flag=0;
            else p++;
        if (!flag) x++;
    }
    printf("%d",x);
}
```

7. 下面程序的输出结果是:________。

```
#include <stdio.h>
int main(void)
{   int i,a[6]={2,4,6,8,10},j,temp,k;
    for(i=0;i<4;i++){
        k=i;
        for (j=i+1;j<5;j++)
            if (a[j]>a[k]) k=j;
        temp=a[i];a[i]=a[k];a[k]=temp;
    }
    k=a[2]-1;
    for(i=4;i>=0;i--)
        if (a[i]<k) a[i+1]=a[i];
        else break;
    a[i+1]=k;
    for(i=0;i<6;i++) printf("%d ",a[i]); printf("\n");
}
```

8. 下面程序的输出结果是:________。

```
#include <stdio.h>
int main(void)
{
```

```
    FILE * fp;int a[10]={1,2,3,0,0},i;
    fp=fopen("file1.dat","wb+");
    fwrite(a,sizeof(int),3,fp);
    fwrite(a,sizeof(int),3,fp);
    rewind(fp);
    fread(a,sizeof(int),5,fp);
    fclose(fp);
    for(i=0;i<8;i++) printf("%d ",a[i]);
}
```

9. 下面程序的输出结果是：________。

```
#include <stdio.h>
void move(int n,int x,int y,int z)
{
    if(n==1) printf(" %c->%c",x,z);
    else
    {
        move(n-1,x,z,y);
        printf(" %c->%c",x,z);
        move(n-1,y,x,z);
    }
}
int main(void)
{
    int h=3;    move(h,'a','b','c');
}
```

10. 下面程序的输出结果是：________。

```
#include <stdio.h>
#include <string.h>
int main(void)
{
    char str[80]="4abc2fg3%5.08\08f%6dfopen\n", *p=str, *q=str;
    while(*p)
        if (*p>='1' && *p<='9') *q++=*p++;
        else p++;
    *q='\0';
    puts(str);
}
```

四、编程题(第1题4分、第2题6分,共计10分)

要求：请在下面各题相应空白处填写程序代码,来编写完整整个程序。

1. 编写程序,输入n(n≥1)计算e的值。

e=1+1/1!+1/2!+1/3!+…+1/n!

例如：输入1;输出2。

又例如：输入2;输出2.5。

注意：已有的程序不能做任何改变，自己编写的程序代码一般不超过10行。

```
#include<stdio.h>
int main(void)
{




}
```

2. 请编写函数fun()，其功能是：将所有大于2小于整数m(10≤m≤100)的非素数存入xx数组中，非素数的个数通过k传回。

例如，若输入17，则应输出4 6 8 9 10 12 14 15 16。

注意：已有的程序不能做任何改变，自己编写的程序代码一般不超过12行。

```
#include <stdio.h>
void fun( int m, int * k, int xx[] )
{




}
int main(void)
{
   int m, n, zz[100];
   printf("Please enter an integer number between 10 and 100: ");
   do scanf("%d",&n); while(n<10||n>100);
   fun(n, &m, zz);
   printf("\nThere are %d non-prime numbers less than %d:", m, n);
   for(n=0; n<m; n++)
      printf("%4d",zz[n]);
   return 0;
}
```

“C语言程序设计”2019—2020-1期末考试(A)答题纸及参考答案

使用专业、班级________学号________姓名________

题　数	一	二	三	四	总　分
得　分					

一、单项选择题(每小题2分,共计50分)

1.	2.	3.	4.	5.	6.	7.	8.	9.	10.
A	C	D	C	D	C	B	C	B	D
11.	12.	13.	14.	15.	16.	17.	18.	19.	20.
B	C	D	B	A	B	A	D	B	C
21.	22.	23.	24.	25.					
B	A	D	D	A					

二、填空题(每空2分,共计20分)

序号	答案	序号	答案
【1】	max=&y 或 x=y 或 *max=y	【6】	low=mid+1
【2】	s[i]或 *(s+i) 或 *(s+i)!='\0' 或 s[i]!='\0' 或 *(s+i)!=0 或 s[i]!=0	【7】	break 或 return
【3】	*t=n	【8】	n,a,100
【4】	s, &t	【9】	'a'<=c[i] && c[i]<='z'
【5】	high=mid-1	【10】	'A'<=c[i] && c[i]<='Z'

三、阅读程序写运行结果(每小题2分,共计20分)

序号	答案	序号	答案
1.	w	6.	29
2.	8 3	7.	10 8 6 5 4 2
3.	c	8.	1 2 3 1 2 0 0 0
4.	10,4,6	9.	a->c a->b c->b a->c b->a b->c a->c
5.	2,5,6	10.	42358

四、编程题(第1题4分、第2题6分,共计10分)

1.

```
#include<stdio.h>
int main(void){
```

```
    double e=1.0,term=1.0;
    int n, i=1;
    do scanf("%d",&n);while(n<1);
    while (i<=n){
      term/=i;
      e+=term;
      i++;
    }
    printf("The value of e is %13.7lf.\n",e);
    return 0;
}
```

2.

```
#include <stdio.h>
void fun( int m, int * k, int xx[] ){
    int i,j;
    * k=0;
    for(i=3;i<m;i++)
    {
      for(j=2;j<i;j++)
        if(i%j==0)
        {
           xx[ * k]=i;
           ( * k)++;
           break;
        }
    }
}
int main(void){ //省略,见试卷 }
```

1.3 C语言考试试卷C及其参考答案(江苏)

说明:试卷不含计算机基础知识部分,只含C语言部分。

一、选择题

1. 当c的值不为0时,下列选项中不能正确地将c的值赋给变量a、b的是(　　)。
   A. b=a=c;　　B. (a=c) || (b=c);
   C. (a=c) && (b=c);　　D. a =b=c;
2. 以下能正确定义二维数组的是(　　)。
   A. int a[][3];　　B. int a[][3]={2 * 3};
   C. int a[][3]={};　　D. int a[2][3]={{1},{2},{3,4}};
3. 定义下列结构体(联合)数组:

```
struct st { char name[15]; int age; } a[10]={{"ZHAO",14},{"WANG",15},{"LIU",16},
{"ZHANG",17}};
```

执行语句 printf("%d,%c",a[2].age,*(a[3].name+2))的输出结果是(　　)。

A. 15,A　　B. 16,H　　C. 16,A　　D. 17,H

4. 若变量均已正确定义并赋值,以下C语言赋值语句合法的是(　　)。

A. x=y==5;　　B. x=n%2.5　　C. x+n=i;　　D. x=5=4+1;

5. 当把下面4个选项用作if语句的控制表达式时,有1个选项与其他3个选项含义不同,这个选项是(　　)。

A. k%2　　B. k%2==1　　C. (k%2)!=0　　D. !(k%2==1)

6. 若函数调用时的实参为变量,以下关于函数形参和实参的叙述正确的是(　　)。

A. 函数的实参和其对应的形参共占同一存储单元

B. 形参只是形式上的存在,不占用具体存储单元

C. 同名的实参和形参占同一存储单元

D. 函数的形参和实参分别占用不同的存储单元

7. 以下定义语句不正确的是(　　)。

A. double x[5]={2.0,4.0,6.0,8.0,10.0}

B. int y[5]={0,1,3,5,7,9}

C. char c1[]={'1','2','3','4','5'};

D. char c2[]={'\x10','\xa','\x8'};

8. 设Y为整型变量,A=1,A的地址为EF01;B=2,B的地址为EF02,执行语句Y=&A后的结果为(　　)。

A. 1　　B. 2　　C. EF01　　D. EF02

9. 设变量已正确定义,以下能正确计算f=n! 的程序是(　　)。

A. f=0; for(i=1;i<=n;i++) f*=i;

B. f=1; for(i=1;i<n;i++) f*=i;

C. f=1; for(i=n;i>1;i++) f*=i;

D. f=1; for(i=n;i>=2;i--) f*=i;

10. 函数fseek(pf,0L,SEEK_END)中的SEEK_END代表的是(　　)。

A. 文件开始　　B. 文件末尾　　C. 文件当前位置　　D. 以上都不对

二、填空题

1. 若有代数式$\sqrt{n^x+e^x}$(其中,e代表自然对数的底数,不是变量),能够正确表示该代数式的C语言的表达式是________。

2. 若x=2、y=3,则x&y的结果是________。

3. 已知大写字母A的ASCII码是65,小写字母a的ASCII码是97,则将字符型变量ch中的大写字母转换为对应小写字母的语句是________。

4. 能表示含义为“q为一个指针型函数,该指针指向整型数据”的定义语句是________。

5. 能正确表示逻辑关系“a大于或等于5或a小于或等于0”的C语言表达式是________。

6. 下列程序的输出结果是________。

```
#include <stdio.h>
void p(int * x){ printf("%d",++ * x); }
int main(void)
{ int y=3; p(&y); }
```

7. 以下程序运行后的输出结果是________。

```
#include <stdio.h>
int main(void)
{   int a=0;
    a+=(a=8);
    printf("%d\n",a);
}
```

8. 下列程序的输出结果是________。

```
#include <stdio.h>
int main(void)
{   char a[]={'a','b','c','d','f','g'}, * p;
    p=a;
    printf("%c\n", * p+4);
}
```

9. 若给 str[0]、str[1]、str[2]分别输入 bcdefgh、m、abcdefg,以下程序的输出结果是________。

```
#include <stdio.h>
#include <string.h>
int main(void)
{   int i; char string[20],str[3][20];
    for(i=0;i<3;i++) gets(str[i]);
    if (strcmp(str[0],str[1])>0) strcpy(string,str[0]);
    else strcpy(string,str[1]);
    if (strcmp(str[2],string)>0) strcpy(string,str[2]);
    printf("%s\n",string);
}
```

10. 设有以下程序:

```
#include <stdio.h>
int main(void)
{   int aa[5][5]={{5,6,1,8},{1,2,3,4},{1,2,5,6},{5,9,10,2}},i,s=0;
    for(i=0;i<4;i++) s+=aa[i][2];
    printf("%d",s);
}
```

程序运行后的输出结果是________。

11. 设有以下程序：

```
#include <stdio.h>
int main(void)
{   int x=1,a=0,b=0;
    switch(x)
    {   case 0: b++;
        case 1: a++;
        case 2:a++;b++;
    }
    printf("a=%d,b=%d\n",a,b);
}
```

该程序的输出结果是________。

12. 以下程序执行时，输出结果的第一行是________，第二行是________，第三行是________。

```
#include <stdio.h>
int main(void)
{   int a[3][3],b[9]={1,1},i,j;
    for(i=2;i<9;i++) b[i]=b[i-1]+b[i-2];
    for(i=0;i<3;i++)
        for(j=0;j<3;j++) a[j][i]=b[i * 3+j];
    for(i=0;i<3;i++)
    {   for(j=0;j<3;j++) printf("%5d",a[i][j]);
        printf("\n");
    }
}
```

13. 以下程序执行时，输出结果的第一行是________，第二行是________，第三行是________。

```
#include <stdio.h>
int main(void)
{   int i,k,x[10],y[4]={0};
    for(i=0;i<10;i++) x[i]=i+1;
    for(i=0;i<10;i++){k=x[i]%4;y[k]+=x[i];}
    printf("%d\n%d\n%d",y[0],y[1],y[2]);
}
```

14. 古典问题：有一对兔子，从出生后第三个月起每个月都生一对兔子，小兔子长到第三个月后每个月又生一对兔子，假如兔子都不死，问每个月的兔子总数为多少？

(1) 程序分析：出生兔子的规律为数列 1,1,2,3,5,8,13,21 …

(2) 程序源代码：

```
#include <stdio.h>
int main(void)
```

```
{   long f1,f2; int i;
    ________
    for(i=1;i<=20;i++)
    {   printf("%12ld%12ld",f1,f2);
        if(i%2==0) printf("\n");
        ________
        ________
    }
}
```

15. 请补充main函数,该函数的功能是先以只写方式打开文件file.dat,再把字符串s中的字符保存到这个磁盘文件中。请勿改动函数main和其他函数中的任何内容,仅在横线上填写所需的若干表达式或语句。

```
#include <stdio.h>
#include <string.h>
#define N 100
#include <stdlib.h>
int main(void)
{   FILE *f; int i=0;
    char ch,s[N]="Welcome!";
    if((f=fopen("________","w"))==NULL)
    { printf("cannot open file.dat\n"); exit(0); }
    while(s[i])
    {   ch=s[i];
        ________
        putchar(ch);
        i++;
    }
    ________
}
```

16. 函数itoa16的功能是,将int型整数a转换成十六进制数字字符串,并保存到p指向的字符数组中。例如,当a=127时,程序的输出结果为“0x7F”。

```
#include <stdio.h>
void itoa16(int a,char p[])
{   int i=0,j=0,k,r,t[10];
    if(a<0){p[j++]='-';________}
    p[j++]='0';p[j++]='x';
    while(a>0)
    {   r=a%16;
        if(________) t[i]=r+'0';
        else t[i]=r-10+'A';
        a=________;
        i++;
```

```
    }
    for (k=i-1;k>=0;k--,j++) p[j]=t[k];
    p[j]='\0';
}
int main(void)
{   char a=127,b[10]; //int a=127; char b[10];
    itoa16(a,b);
    puts(b);
}
```

17. 一个数如果恰好等于它的因子之和，这个数就称为“完数”，例如 6＝1＋2＋3。编程找出 1000 以内的所有完数。

```
#include <stdio.h>
int main(void)
{   static int k[10];
    int i,j,m,n,s;
    for(j=2;j<1000;j++)
    {   n=-1; s=j;
        for(i=1;i<j;i++)
        {  if((j%i)==0) { n++;s=________;k[n]=i;}
           if(________)
           {   printf("\n%d is a 完数",j);
               for(m=0;________;m++) printf("%d,",k[m]); break;
           }
        }
    }
}
```

参考答案

一、选择题（为节省篇幅，选择题答案按题号顺序排列，省略题号）

BBCAD　DBCDB

二、填空题

1. sqrt(fabs(pow(n,x)＋exp(x)))
2. 2
3. ch＋32　或　ch＋('a'－'A')
4. int * q()
5. a＞＝5||a＜＝0
6. 4
7. 16
8. e
9. m
10. 19
11. a＝2,b＝1
12. 1　3　13　　1　5　21　　2　8　34
13. 12　15　18
14. f1＝f2＝1;　f1＝f1＋f2;　f2＝f1＋f2;
15. file.dat　fputc(ch,f);　fclose(f);
16. a＝－a;　r＜10　a/16
17. s－i　s＝＝0　m＜＝n

1.4 C语言考试试卷D及其参考答案(江苏)

一、选择题

1. 以下叙述中错误的是(　　)。

   A. C语言区分大小写

   B. C程序中的一个变量代表内存中的一个相应存储单元,变量的值可以根据需要随时修改

   C. 整数和实数都能用C语言准确无误地表示出来

   D. 在C程序中,正整数可以用十进制、八进制和十六进制的形式来表示

2. 设有定义语句"int b;char c[10];",则下列输入语句正确的是(　　)。

   A. scanf("%d%s",&b,&c);　　B. scanf("%d%s",&b, c);

   C. scanf("%d%s",b,c);　　D. scanf("%d%s",b,&c);

3. 下列叙述中错误的是(　　)。

   A. 一个C语言程序只能实现一种算法

   B. C程序可以由多个程序文件组成

   C. C程序由一个或多个函数组成

   D. 一个C函数可以单独作为一个C程序文件存在

4. 下列选项中不会引起二义性的宏定义是(　　)。

   A. #define S(x) x*x　　B. #define S(x) (x)*(x)

   C. #define S(x) (x*x)　　D. #define S(x) ((x)*(x))

5. 若有说明"int m[3][4]={3,9,7,8.5},(*q)[4];"和赋值语句"q=m;",则对数组元素m[i][j](其中0≤i<3,0≤j<4)值的引用正确的是(　　)。

   A. (q+i)[j]　　B. *q[i][j]　　C. *(*q[i]+j)　　D. *(*(q+i)+j)

6. 设有下列程序段:

```
typedef struct NODE{ int num; struct NODE * next;} OLD;
```

下列叙述中正确的是(　　)。

   A. 以上的说明形式非法　　B. NODE是一个结构体类型

   C. OLD是一个结构体类型　　D. OLD是一个结构体变量

7. 下列选项中字符常量非法的是(　　)。

   A. '\t'　　B. '\039'　　C. ','　　D. '\n'

8. 若变量都已正确说明,则以下程序段(　　)。

```
#include <stdio.h>
main()
{   int a=3,b=2;
    printf(a>b?"***a=%d":"###b=%d",a,b);
}
```

   A. 输出为:***a=3　　B. 输出为:###b=3

C. 输出为：***a=3＃＃b=5　　　　　　D. 全部错误

9. 设有定义的语句“char c1=92,c2=92;”,则以下表达式中的值为零的是(　　)。

A. c1^c2　　　　B. c1&c2　　　　C. ～c2　　　　D. c1|c2

10. 下列说法不正确的是(　　)。

A. 调用函数时,实参可以是表达式

B. 调用函数时,实参与形参可以共用内存单元

C. 调用函数时,将实参的值复制给形参,使实参变量和形参变量在数值上相等

D. 调用函数时,实参与形参的类型必须一致

二、填空题

1. 表达式 pow(2.8,sqrt(float(x)))的值的数据类型为________型。

2. 已有定义“int x=2;”,则表达式“x=x+1.78”的值是________。

3. 若 a 是 int 型变量,且 a 的初值为 5,则计算 a+=a-=a*a 表达式后 a 的值为________。

4. 对于以下字符串,说明表达式 strlen(s)的值是________。

```
char s[10]={'a','\n','a','b','\t','c'};
```

5. 若在一个 C 源程序文件中定义一个允许其他源文件的整型外部变量 a,则在另一文件中可使用的引用说明是________。

6. 下面程序的运行结果是________。

```
#include <stdio.h>
int a=3;int b=7;
plus(int x,int y)
{   int z; z=x+y;
    return z;
}
int main(void)
{   int a=4,b=2,c;
    c=plus(a,b);
    printf("A+B=%d\n",c);
}
```

7. 若从键盘输入 24,则以下程序的输出结果是________。

```
#include <stdio.h>
int main(void)
{   int a; scanf("%d",&a);
    if(a>20) printf("%d",a);
    if(a>10) printf("%d",a);
    if(a>5) printf("%d",a);
}
```

8. 设有下列程序：

```
#include <stdio.h>
fun(int x,int y){return (x+y);}
int main(void)
{   int a=1,b=2,c=3,sum;
    sum=fun((a++,b++,a+b),c++);
    printf("%d\n",sum);
}
```

执行后的输出结果是________。

9. 已知函数isalpha(ch)的功能是判断变量ch是否是字母,若是,该数值为1,否则为0。下面程序的输出结果是________。

```
#include <stdio.h>
#include <ctype.h>
#include <string.h>
void fun(char s[])
{   int i,j;
    for(i=0,j=0;s[i];i++) if(isalpha(s[i])) s[j++]=s[i];
    s[j]='\0';
}
int main(void)
{   char ss[80]="Good morning";
    fun(ss); printf("%s",ss);
}
```

10. 设有下列程序:

```
#include <stdio.h>
#include <string.h>
int main(void)
{   int i; char s[10],t[10];
    gets(t);
    for(i=0;i<2;i++)
    {   gets(s);
        if(strcmp(t,s)<0) strcpy(t,s);
    }
    printf("%s\n",t);
}
```

程序运行后,从键盘输入"CDEF<CR>BADEF<CR>QTHRG<CR>"(<CR>代表Enter键),则程序的输出结果是________。

11. 设j为int型变量,则下面for循环语句的执行结果是________和________。

```
for(j=10;j>3;j--)
{   if(j%3) j--;
    --j;--j;
    printf("%d ",j);
}
```

12. 下列程序的输出结果是________。

```
int f1(int x,int y){return x>y? x:y;}
int f2(int x,int y){return x>y? y:x;}
#include <stdio.h>
int main(void)
{   int a=4,b=3,c=5,d=2,e,f,g;
    e=f2(f1(a,b),f1(c,d));
    f=f1(f2(a,b),f2(c,d));
    g=a+b+c+d-e-f;
    printf("%d,%d,%d\n",e,f,g);
}
```

13. 下列程序的输出结果的第一行是________,第二行是________,第三行是________,第四行是________。

```
#include <stdio.h>
void fun(int *s,int *p)
{   static int t=3;
    *p=s[t];
    t--;
}
int main(void)
{   int a[]={2,3,4,5},k,x;
    for(k=0;k<4;k++)
    { fun(a,&x); printf("%d\n",x); }
}
```

14. 以下程序的功能是调用 colmin 函数,在 N 行 M 列的矩阵中找出每一列上的最小值。

```
#define N 3
#define M 4
void colmin(int x[N][M])
{   int i,j,p;
    for(j=0;j<M;j++)
    {
        ________;
        for(i=1;i<N;i++)
            if (________ x[i][j]) p=i;
        printf("The min value in column %d is No. %d\n",j+1,p+1);
    }
}
int main(void)
{   int a[N][M]={1,4,7,11,0,7,9,8,2,3,1,10};
    ________;
}
```

15. 以下程序统计字符串 c 中大写字母的个数,用#号作为输入结束标志,请填空。

```
#include <stdio.h>
#include <ctype.h>
int main(void)
{   int num[26],i=0;
    char a,c[20]={'v','A','F','b','F','t','e','G','H','P','#','\0'};
    for(i=0;i<26;i++) num[i]=0;
    ________;
    while(________)
    {
        if (isupper(c[i]))
            num[c[i]-65]+=1;
        i++;
    }
    for(i=0;i<26;i++) (if(num[i]) printf("%c,%d\n",________,num[i]);}
}
```

16. 判断101～200有多少个素数,并输出所有素数。

(1) 程序分析:判断素数的方法是,用一个数分别除2到sqrt(这个数),如果能被整除,则表明此数不是素数,反之是素数。

(2) 程序源代码:

```
#include ________
int main(void)
{   int m,i,k,h=0,leap=1;
    printf("\n");
    for(m=101;m<200;m++)
    {   k=sqrt(m+1);
        for(i=2;i<=k;i++)
            if(________)  {leap=0;break;}
        if (leap){printf("%-4d",m);h++;}
        if (h%10==0) printf("\n");
        ________;
    }
    printf("The total is %d",h);
}
```

17. 下列程序把3个NODETYPE型的变量链接成一个简单的链表,并在while循环中输出链表节点数据域中的数据,请填空。

```
#include <stdio.h>
struct node
{ int data;struct node * next;};
typedef struct node NODETYPE;
int main(void)
{   ________ a,b,c,* h,* p;
    a.data=10;b.data=20;c.data=30;h=&a;
```

```
    a.next=&b;b.next=&c;c.next='\0';
    p=h;
    while(_______) {printf("%d,",p->data);_______;}
    printf("\n");
}
```

参考答案

一、选择题(为节省篇幅,选择题答案按题号顺序排列,省略题号)

CBADD CBAAB

二、填空题

1. double
2. 3
3. −40
4. 6
5. extern int a;
6. A+B=6
7. 242424
8. 8
9. Goodmorning
10. QTHRG
11. 7 4
12. 4, 3, 7
13. 5 4 3 2
14. p=0 x[p][j]> colmin(a)
15. i=0 c[i]!='#' i+65 或 i+'A'
16. "math.h" m%i==0 leap=1
17. NODETYPE p p=p->next

1.5 C语言考试试卷E及其参考答案(全国)

一、选择题

1. 以下叙述错误的是( )。
   A. C语言编写的函数源程序,其文件扩展名可以是.c
   B. C语言编写的函数都可以作为一个独立的源程序文件
   C. C语言编写的每个函数都可以独立地编译并执行
   D. 一个C语言程序只能有一个主函数
2. 以下选项中关于程序模块化的叙述错误的是( )。
   A. 把程序分成若干相对独立的模块,便于编码和调试
   B. 把程序分成若干相对独立、功能单一的模块,便于重复使用这些模块
   C. 可采用自底向上、逐步细化的设计方法把若干独立模块组装成所要求的程序
   D. 可采用自顶向下、逐步细化的设计方法把若干独立模块组装成所要求的程序
3. 以下选项中关于C语言常量的叙述错误的是( )。
   A. 所谓常量,是指在程序运行过程中其值不能被改变的量
   B. 常量分为整型常量、实型常量、字符常量和字符串常量
   C. 常量分为数值型、非数值型常量
   D. 经常被使用的变量可以定义为常量
4. 若定义语句"int a=10;double b=3.14;",则表达式'A'+a+b的值的类型是( )。

A. char　　B. int　　C. double　　D. float

5. 若有定义语句“int x＝12,y＝8,z;”,在其后执行语句“z＝0.9＋x/y”,则z的值是(　　)。

A. 1.9　　B. 1　　C. 2　　D. 2.4

6. 若有定义“int a,b;”,通过语句“scanf("%d;%d",&a,&b);”能把整数3赋给变量a,把整数5赋给变量b的输入数据是(　　)。

A. 3 5　　B. 3,5　　C. 3;5　　D. 35

7. 若有定义语句“int k1＝10,k2＝20;”,执行表达式(k1＝k1＞k2)&&(k2＝k2＞k)后,k1和k2的值分别是(　　)。

A. 0和1　　B. 0和20　　C. 10和1　　D. 10和20

8. 设有以下程序:

```
#include <stdio.h>
int main(void)
{   int a=1,b=0;
    if(--a) b++;
    else if(a==0) b+=2;
    else b+=3;
    printf("%d\n",b);
}
```

程序运行后的输出结果是(　　)。

A. 0　　B. 1　　C. 2　　D. 3

9. 下列条件语句中,输出结果与其他语句不同的是(　　)。

A. if(a) printf("%d\n",x);else printf("%d\n",y);

B. if(a＝＝0) printf("%d\n",y);else printf("%d\n",x);

C. if(a!＝0) printf("%d\n",x);else printf("%d\n",y);

D. if(a＝＝0) printf("%d\n",x);else printf("%d\n",y);

10. 设有以下程序:

```
#include <stdio.h>
int main(void)
{   int a=7;
    while(a--);
    printf("%d\n",a);
}
```

程序运行后的输出结果是(　　)。

A. －1　　B. 0　　C. 1　　D. 7

11. 以下不能输出字符A的语句是(　　)(注:字符A的ASCII码值为65,字符a的ASCII码值为97)。

A. printf("%c\n",'a'-32);　　B. printf("%d\n",'A');

C. printf("%c\n",65);　　D. printf("%c\n",'B'-1);

12. 设有以下程序(注:字符a的ASCII码值为97):

```
#include <stdio.h>
int main(void)
{   char * s={"abc"};
    do{ printf("%d", * s%10);++s;}
    while( * s);
}
```

程序运行后的输出结果是(　　)。

A. abc　　B. 789　　C. 7890　　D. 979800

13. 若有定义语句“double a，* p=&a;”，下列叙述中错误的是(　　)。

A. 定义语句中的 * 号是一个地址运算符

B. 定义语句中的 * 号是一个说明符

C. 定义语句中的 p 只能存放 double 类型变量的地址

D. 在定义语句中，* p=&a 把变量 a 的地址作为初值赋给指针变量 p

14. 设有以下程序：

```
#include <stdio.h>
double f(double x);
int main(void)
{   double a=0;int i;
    for(i=0;i<30;i+=10) a+=f((double)i);
    printf("%5.0f\n",a);
}
double f(double x)
{return x * x+1;}
```

程序运行后的输出结果是(　　)。

A. 503　　B. 401　　C. 500　　D. 1404

15. 若有定义语句“int year=2009，* p=&year;”，以下不能使变量 year 的值增至 2010 的语句是(　　)。

A. * p+=1;　　B. (* p)++;　　C. ++(* p);　　D. * p++;

16. 以下定义数组的语句中错误的是(　　)。

A. int num[]={1,2,3,4,5,6};

B. int num[][3]={{1,2},3,4,5,6};

C. int num[2][4]={{1,2},{3,4},{5,6}};

D. int num[][4]={1,2,3,4,5,6};

17. 设有以下程序：

```
#include <stdio.h>
void fun(int * p)
{ printf("%d\n",p[5]);}
int main(void)
{   int a[10]={1,2,3,4,5,6,7,8,9,10};
    fun(&a[3]);
}
```

程序运行后的输出结果是(　　)。

A. 5　　B. 6　　C. 8　　D. 9

18. 设有以下程序：

```
#include <stdio.h>
#define N 4
void fun(int a[][N],int b[])
{   int i;
    for(i=0;i<N;i++) b[i]=a[i][i]-a[i][N-1-i];
}
int main(void)
{   int x[N][N]={{1,2,3,4},{5,6,7,8},{9,10,11,12},{13,14,15,16}},y[N],i;
    fun(x,y);
    for(i=0;i<N;i++) printf("%d,",y[i]); printf("\n");
}
```

程序运行后的输出结果是(　　)。

A. 12,−3,0,0　　B. −3,−1,1,3

C. 0,1,2,3　　D. −3,−3,−3,−3

19. 设有以下函数：

```
void fun(char * x,char * y)
{   int n=0;
    while((* x== * y) && * x!='\0'){ x++;y++;n++;}
    return n;
}
```

函数的功能是(　　)。

A. 查找x和y所指字符串中是否有'\0'

B. 统计x和y所指字符串中相同的字符个数

C. 将y所指字符串赋给x所指存储空间

D. 统计x和y所指字符串从头连续相同的字符个数

20. 若有定义语句“char * s1="OK", * s2="ok";”,以下选项中,能够输出“OK”的语句是(　　)。

A. if (strcmp(s1,s2)==0) puts(s1);

B. if (strcmp(s1,s2)!=0) puts(s2);

C. if (strcmp(s1,s2)==1) puts(s1);

D. if (strcmp(s1,s2)!=0) puts(s1);

21. 以下程序的主函数调用了在其前面定义的fun()函数：

```
#include <stdio.h>
int main(void)
{   double a[15],k;
    k=fun(a); …
}
```

则以下选项中错误的 fun()函数首部是(　　)。

A. double fun(double a[15])　　B. double fun(double *a)

C. double fun(double a[])　　D. double fun(double a)

22. 设有以下程序:

```
#include <stdio.h>
#include <string.h>
int main(void)
{   char a[5][10]={"china","beijing","you","tiananmen","welcome"};
    int i,j;char t[10];
    for(i=0;i<4;i++)
        for(j=i+1;j<5;j++)
            if(strcmp(a[i],a[j])>0)
            {strcpy(t,a[i]);strcpy(a[i],a[j]);strcpy(a[j],t);}
    puts(a[3]);
}
```

程序运行后的输出结果是(　　)。

A. beijing　　B. china　　C. welcome　　D. tiananmen

23. 设有以下程序:

```
#include <stdio.h>
int f(int m)
{   static int n=0;
    n+=m;
    return n;
}
int main(void)
{   int n=0;
    printf("%d,",f(++n));
    printf("%d\n",f(n++));
}
```

程序运行后的输出结果是(　　)。

A. 1,2　　B. 1,1　　C. 2,3　　D. 3,3

24. 设有以下程序:

```
#include <stdio.h>
int main(void)
{   char ch[3][5]={ "AAAA","BBB","CC"};
    printf("%s\n",ch[1]);
}
```

程序运行后的输出结果是(　　)。

A. AAAA　　B. CC　　C. BBBCC　　D. BBB

25. 设有以下程序:

```
#include <stdio.h>
#include <string.h>
void fun(char * w,int m)
{   char s, * p1, * p2;
    p1=w;p2=w+m-1;
    while(p1<p2) {s= * p1; * p1= * p2; * p2=s;p1++;p2--;}
}
int main(void)
{   char a[]="123456";
    fun(a,strlen(a));puts(a);
}
```

程序运行后的输出结果是(　　)。

A. 654321　　B. 116611　　C. 161616　　D. 123456

26. 设有以下程序：

```
#include <stdio.h>
#include <string.h>
typedef struct {char name[9];char sex;int score[2];} STU;
STU f(STU a)
{   STU b={"Zhao",'m',85,90};
    int i;
    strcpy(a.name,b.name);
    a.sex=b.sex;
    for(i=0;i<2;i++) a.score[i]=b.score[i];
    return a;
}
int main(void)
{   STU c={"Qian",'t',95,92},d;
    d=f(c);
    printf("%s,%c,%d,%d,",d.name,d.sex,d.score[0],d.score[1]);
    printf("%s,%c,%d,%d\n",c.name,c.sex,c.score[0],c.score[1]);
}
```

程序运行后的输出结果是(　　)。

A. Zhao,m,85,90,Qian,f,95,92　　B. Zhao,m,85,90,Zhao,m,85,90

C. Qian,f,95,92,Qian,f,95,92　　D. Qian,f,95,92,Zhan,m,85,90

27. 设有以下程序：

```
#include <stdio.h>
int main(void)
{   int b[3][3]={0,1,2,0,1,2,0,1,2},i,j,t=1;
    for(i=0;i<3;i++)
    for(j=i;j<=i;j++) t+=b[i][b[j][i]];
    printf("%d\n",t);
}
```

程序运行后的输出结果是(　　)。

A. 9　　B. 4　　C. 3　　D. 1

28. 设有以下程序:

```
#include <stdio.h>
int main(void)
{   int a=2,b;
    b=a<<2;
    printf("%d\n",b);
}
```

程序运行后的输出结果是(　　)。

A. 2　　B. 4　　C. 6　　D. 8

29. 以下选项中叙述错误的是(　　)。

A. C程序函数中定义的赋有初值的静态变量,每调用一次函数,赋一次初值

B. 在C程序的同一函数中,各复合语句内可以定义变量,其作用域仅限本复合语句内

C. C程序函数中定义的自动变量,未初始化的系统不会赋确定的初值

D. C程序函数的形参不可以说明为static型变量

30. 设有以下程序:

```
#include <stdio.h>
int main(void)
{   FILE * fp;
    int k,n,i,a[6]={1,2,3,4,5,6};
    fp=fopen("d2.dat","w");
    for(i=0;i<6;i++) fprintf(fp, "%d",a[i]);
    fclose(fp);
}
```

程序运行后的输出结果是(　　)。

A. 1,2　　B. 3,4　　C. 123456　　D. 123,456

二、填空题

1. 数据结构分为线性结构和非线性结构,带链的栈属于________。

2. 在长度为n的顺序存储的线性表中插入一个元素,最坏情况下需要移动表中________。

3. 常见的软件开发方法有结构化方法和面向对象方法,对某应用系统经过需求分析建立数据流图(DFD),则应采取________方法。

4. 数据库系统的核心是________。

5. 在进行关系数据库的逻辑设计时,E-R图中的属性常被转换为关系中的属性,联系通常转换为________。

6. 若程序中已给整型变量a和b赋值10和20,写出按以下格式输出a、b值的语

句________。

```
****a=10,b=20****
```

7. 以下程序运行后的输出结果是________。

```
#include <stdio.h>
int main(void)
{   int a=37;
    a%=9;
    printf("%d\n",a);
}
```

8. 以下程序运行后的输出结果是________。

```
#include <stdio.h>
int main(void)
{   int i,j;
    for(i=6;i>3;i--) j=i;
    printf("%d %d\n",i,j);
}
```

9. 以下程序运行后的输出结果是________。

```
#include <stdio.h>
int main(void)
{   int n[]={0,0,0,0,0},i;
    for(i=1;i<=2;i++)
    {   n[i]=n[i-1] * 3+1;
        printf("%d",n[i]);
    }
    printf("\n");
}
```

10. 以下程序运行后的输出结果是________。

```
#include <stdio.h>
int main(void)
{   char n;
    for(n=0;n<15;n+=5)
    {
        putchar(n+'A');
    }
    printf("\n");
}
```

11. 以下程序运行后的输出结果是________。

```
#include <stdio.h>
void fun(int x)
```

```
{    if (x/5>0) fun(x/5);
     printf("%d",x);
}
int main(void)
{  fun(11);printf("\n"); }
```

12. 设有以下程序：

```
#include <stdio.h>
int main(void)
{    int c[3]={0},k,i;
     while((k=getchar())!='\n')
         c[k-'A']++;
     for(i=0;i<3;i++) printf("%d",c[i]);printf("\n");
}
```

若程序运行时从键盘输入 ABCACC<CR>，则输出结果是________。

13. 以下程序运行后的输出结果是________。

```
#include <stdio.h>
int main(void)
{    int n[2],i,j;
     for(i=0;i<2;i++) n[i]=0;
     for(i=0;i<2;i++)
         for(j=0;j<2;j++) n[j]=n[i]+1;
     printf("%d\n",n[1]);
}
```

14. 以下程序调用 fun 函数把 x 中的值插入数组 s 下标为 k 的数组元素中(原下标 k 及后面的数组元素后移一位)。在主函数中，n 存放 a 数组中数据的个数，请填空。

```
#include <stdio.h>
void fun(int s[],int *n,int k,int x)
{    int i;
     for(i=*n-1;i>=k;i--) s[________]=s[i];
     s[k]=x;
     *n=*n+________;
}
int main(void)
{    int a[20]={1,2,3,4,5,6,8,9,10,11,12},i,x=7,k=6,n=11;
     fun(a,&n,k,x);
     for(i=0;i<n;i++) printf("%4d\n",a[i]);
     printf("\n");
}
```

参考答案

一、选择题(为节省篇幅，选择题答案按题号顺序排列，省略题号)

CCDCB　CBCDA　BBAAD　CDBDD　DCADA　ABDAC

二、填空题

1. 线性结构
2. n
3. 结构化
4. 数据库管理系统
5. 关系
6. printf("****a＝%d,b＝%d****",a,b);
7. 1
8. 3 4
9. 14
10. AFK
11. 211
12. 213
13. 3
14. i＋1　1

1.6　C语言考试试卷F及其参考答案(全国)

一、选择题

1. 以下关于结构化程序设计的叙述正确的是(　　)。
   A. 一个结构化程序必须同时由顺序、选择、循环3种结构组成
   B. 结构化程序使用goto语句会很便捷
   C. 在C语言中,程序的模块化是利用函数实现的
   D. 由3种基本结构构成的程序只能解决小规模的问题
2. 以下关于简单程序设计的步骤和程序的说法正确的是(　　)。
   A. 确定算法后,整理并写出文档,最后进行编码和上机调试
   B. 首先确定数据结构,然后确定算法,再编码,并上机调试,最后整理文档
   C. 先编码和上机调试,在编码过程中确定算法和数据结构,最后整理文档
   D. 先写好文档,再根据文档进行编码和上机调试,最后确定算法和数据结构
3. 下列叙述中错误的是(　　)。
   A. C程序在运行过程中所有的计算都是以二进制方式进行
   B. C程序在运行过程中所有的计算都是以十进制方式进行
   C. 所有的C程序都需要在连接无误后才能进行
   D. C程序中的整型变量只能存放整型,实型变量只能存放浮点数
4. 设有定义"int a;long b;double x,y;",则以下表达式正确的是(　　)
   A. a%(int)(x-y)　　B. a＝x!＝y　　C. (a*y)%b　　D. y＝x＋y＝a
5. 以下选项中能表示合法常量的是(　　)。
   A. 整数:1,200　　B. 实数:1.5E2.0
   C. 字符斜杠:'\'　　D. 字符串:"007"
6. 表达式a＋＝a－＝a＝9的值是(　　)。
   A. 9　　B. －9　　C. 18　　D. 0
7. 若变量已正确定义,在"if(W) printf("%d\n",k);"中,以下不可替代W的是(　　)。
   A. a<>b＋c　　B. c＝getchar()　　C. a＝＝b＋c　　D. a＋＋
8. 有以下程序,程序运行后的输出结果是(　　)。

```
#include <stdio.h>
int main(void)
{   int a=1,b=0;
    if(!a) b++;
    else if(a==0) if(a) b+=2;
    else b+=3;
    printf("%d\n",b);
}
```

A. 0　　B. 1　　C. 2　　D. 3

9. 若有定义语句“int a,b;double x;”,则下列选项中没有错误的是(　　)。

A.
```
switch(x%2)
{   case 0: a++;break;
    case 1:b++;break;
    default: a++;b++;
}
```

B.
```
switch((int)x/2.0)
{   case 0:a++;break;
    case 1:b++;break;
    default: a++;b++;
}
```

C.
```
switch((int)x%2)
{   case 0: a++;break;
    case 1:b++;break;
    default: a++;b++;
}
```

D.
```
switch((int)x/2)
{   case 0.0:a++;break;
    case 1.0:b++;break;
    default: a++;b++;
}
```

10. 有以下程序,程序运行后的输出结果是(　　)。

```
#include <stdio.h>
int main(void)
{   int a=1,b=2;
    while(a<6) {b+=a;a+=2;b%=10;}
    printf("%d,%d\n",a,b);
}
```

A. 5,11　　B. 7,1　　C. 7,11　　D. 6,1

11. 有以下程序,程序运行后的输出结果是(　　)。

```
#include <stdio.h>
int main(void)
{   int y=10;
    while(y--);
    printf("y=%d\n",y);
}
```

A. y=0　　B. y=−1

C. y=1　　D. while 构成无限循环

12. 有以下程序,程序运行后的输出结果是(　　)。

```
#include <stdio.h>
int main(void)
```

```
{    char s[]="rstuv";
     printf("%c\n", * s+2);
}
```

A. tuv　　B. 字符 t 的 ASCII 码值
C. t　　D. 出错

13. 有以下程序,程序运行后的输出结果是(　　)。

```
#include <stdio.h>
#include <string.h>
int main(void)
{    char x[]="STRING";
     x[0]=0;x[1]='\0';x[2]='0';
     printf("%d %d\n",sizeof(x),strlen(x));
}
```

A. 6 1　　B. 7 0　　C. 6 3　　D. 7 1

14. 有以下程序,程序运行后的输出结果是(　　)。

```
#include <stdio.h>
int f(int x);
int main(void)
{    int n=1,m;
     m=f(f(f(n)));printf(" %d\n",m);
}
int f(int x)
{ return x * 2;}
```

A. 1　　B. 2　　C. 4　　D. 8

15. 以下程序中关于指针的输入格式正确的是(　　)。

A. int * p;scanf("%d",&p);
B. int * p;scanf("%d",p);
C. int k, * p=&k;scanf("%d",p);
D. int k, * p; * p=&k;scanf("%d",&p);

16. 有定义语句"int * p[4];",以下选项中与此语句等价的是(　　)。

A. int p[4];　　B. int **p
C. int * (p[4]);　　D. int (* p)[4];

17. 下列定义数组的语句中正确的是(　　)。

A. int N=10;int x[N];　　B. #define N 10
int x[N];
C. int x[0..10];　　D. int x[];

18. 若要定义一个具有 5 个元素的整型数组,以下定义语句错误的是(　　)

A. int a[5]={0};　　B. int b[]={0,0,0,0,0};
C. int c[2+3];　　D. int i=5,d[i];

19. 有以下程序,程序运行后的输出结果是(　　)。

```
#include <stdio.h>
void f(int *p);
int main(void)
{   int a[5]={1,2,3,4,5}, *r=a;
    f(r);printf("%d\n", *r);
}
void f(int *p)
{ p=p+3; printf("%d,", *p);}
```

A. 1,4　　　B. 4,4　　　C. 3,1　　　D. 4,1

20. 有以下程序(函数 fun 只对下标为偶数的元素进行操作):

```
#include <stdio.h>
void fun(int *a,int n)
{   int i,j,k,t;
    for(i=0;i<n-1;i+=2)
    {   k=i;
        for(j=i;j<n;j+=2) if(a[j]>a[k]) k=j;
        t=a[i];a[i]=a[k];a[k]=t;
    }
}
int main(void)
{   int aa[10]={1,2,3,4,5,6,7},i;
    fun(aa,7);
    for(i=0;i<7;i++) printf("%d ",aa[i]);
    printf("\n");
}
```

程序运行后的输出结果是(　　)。

A. 7 2 5 4 3 6 1　　B. 1 6 3 4 5 2 7　　C. 7 6 5 4 3 2 1　　D. 1 7 3 5 6 2 1

21. 下列选项中,能够满足"若字符串 s1 等于字符串 s2,则执行 ST"要求的是(　　)。

A. if(strcmp(s2,s1)==0) ST;　　B. if(s1==s2) ST;

C. if(strcpy(s1,s2)==1) ST;　　D. if(s1-s2==0) ST;

22. 以下不能将 s 所指字符串正确地复制到 t 所指存储空间的是(　　)。

A. while(*t=*s) {t++;s++;}

B. for(i=0;t[i]=s[i];i++);

C. do{*t++=*s++;} while(*s);

D. for(i=0,j=0;t[i++]=s[j++];);

23. 有以下程序(strcat 函数用于连接两个字符串):

```
#include <stdio.h>
#include <ctype.h>
int main(void)
{
    char a[20]="ABCD\0EFG\0",b[]="UK";
```

```
    strcat(a,b);printf("%s\n",a);
}
```

程序运行后的输出结果是(　　)。

A. ABCDE\0FG\0UK　　B. ABCDUK

C. UK　　D. EFGUK

24. 有以下程序,程序中的库函数islower(ch)用于判断ch中的字符是否为小写字母。

```
#include <stdio.h>
#include <ctype.h>
void fun(char * p)
{   int i=0;
    while(p[i])
    {   if(p[i]==' ' && islower(p[i-1])) p[i-1]=p[i-1]-'a'+'A';
        i++;
    }
}
int main(void)
{   char s1[100]="ab cd EFG!";
    fun(s1);printf("%s\n",s1);
}
```

程序运行后的输出结果是(　　)。

A. ab cd EFG!　　B. Ab Cd EFg!　　C. aB cD EFG!　　D. ab cd EFg!

25. 有以下程序:

```
#include <stdio.h>
#include <ctype.h>
void fun(int x)
{   if (x/2>1) fun(x/2);
    printf(" %d",x);
}
int main(void)
{  fun(7); printf("\n"); }
```

程序运行后的输出结果是(　　)。

A. 1 3 7　　B. 7 3 1　　C. 7 3　　D. 3 7

26. 有以下程序:

```
#include <stdio.h>
int fun()
{   static int x=1;
    x+=1;return x;
}
int main(void)
{   int i,s=1;
    for(i=1;i<=5;i++) s=fun();
```

```
    printf("%d\n",s);
}
```

程序运行后的输出结果是(　　)。

A. 11　　B. 21　　C. 6　　D. 120

27. 有以下程序：

```
#include <stdio.h>
#include <string.h>
#include <stdlib.h>
int main(void)
{   int *a, *b, *c;
    a=b=c=(int *) malloc(sizeof(int));
    *a=1; *b=2; *c=3;
    a=b;
    printf("%d,%d,%d\n", *a, *b, *c);
}
```

程序运行后的输出结果是(　　)。

A. 3,3,3　　B. 2,2,3　　C. 1,2,3　　D. 1,1,3

28. 有以下程序：

```
#include <stdio.h>
int main(void)
{   int s,t,A=10; double B=6;
    s=sizeof(A);t=sizeof(B);
    printf("%d,%d\n",s,t);
}
```

在 VC++ 2010/6.0 平台上编译运行,程序运行后的输出结果是(　　)。

A. 3,4　　B. 4,4　　C. 4,8　　D. 10,6

29. 有以下程序：

```
typedef struct S {int g; char h;} T;
```

以下叙述正确的是(　　)。

A. 可用 S 定义结构体类型　　B. 可用 T 定义结构体变量

C. S 是 struct 类型的变量　　D. S 为结构体变量

30. 有以下程序：

```
#include <stdio.h>
int main(void)
{   short c=124;
    c=c ________;
    printf("%d\n",c);
}
```

若要使程序的运行结果为 248,应在下画线处填入(　　)。

A. >>2　　B. |248　　C. &0248　　D. <<1

二、填空题

1. 仅由顺序、选择（分支）和循环结构构成的程序是________程序。

2. 以下程序运行后的输出结果是________。

```
#include <stdio.h>
int main(void)
{   int x,y;
    scanf("%2d%1d",&x,&y);printf("%d\n",x+y);
}
```

若程序运行时输入"1234567"，运行后的输出结果是________。

3. 在C语言中，当表达式值为0时表示逻辑值"假"，当表达式值为________时表示逻辑值"真"。

4. 有以下程序，程序的运行结果为________。

```
#include <stdio.h>
int main(void)
{   int i,n[]={0,0,0,0,0};
    for(i=1;i<=4;i++)
    {   n[i]=n[i-1]*3+1;
        printf("%d",n[i]);
    }
}
```

5. 以下fun()函数的功能是找出具有N个元素的一维数组的最小值，并作为函数值返回，请填空（设N已定义）。

```
int fun(int x[N])
{   int i,k=0;
    for(i=1;i<N;i++) if(x[i]<x[k]) k=________;
    return x[k];
}
```

6. 有以下程序，程序的运行结果为________。

```
#include <stdio.h>
int *f(int *p,int *q);
int main(void)
{   int m=1,n=2,*r=&m;
    r=f(r,&n); printf("%d\n",*r);
}
int *f(int *p,int *q)
{ return (*p>*q)?p:q;}
```

7. 以下fun()函数的功能是在N行M列的整型二维数组中，选出一个最大值作为函数值返回,请填空(设 M、N 已定义)。

```
int fun(int a[N][M])
{   int i,j,row=0,col=0;
    for(i=0;i<N;i++)
        for(j=0;j<M;j++)
            if(a[i][j]>a[row][col]) {row=i;col=j;}
        return (________);
}
```

8. 有以下程序,程序的运行结果为________。

```
#include <stdio.h>
int main(void)
{   int n[2],i,j;
    for(i=0;i<2;i++) n[i]=0;
    for(i=0;i<2;i++)
        for(j=0;j<2;j++) n[j]=n[i]+1;
    printf("%d",n[1]);
}
```

9. 以下程序的功能是,借助指针变量找出数组元素中最大值所在的位置并输出该最大值,请在输出语句中填写代表最大值的输出项。

```
#include <stdio.h>
int main(void)
{   int a[10], * p, * s;
    for(p=a;p-a<10;p++) scanf("%d",p);
        for(p=a,s=a;p-a<10;p++) if ( * p> * s) s=p;
    printf("max=%d\n",________);
}
```

10. 以下程序打开新文件 file.txt,并调用字符输出函数将 a 数组中的字符写入其中,请填空。

```
#include <stdio.h>
int main(void)
{   ________ * fp;
    char a[5]={'1','2','3','4','5'},i;
    fp=fopen("file.txt","w");
    for(i=0;i<5;i++) fputc(a[i],fp);
    fclose(fp);
}
```

参考答案

一、选择题(为节省篇幅,选择题答案按题号顺序排列,省略题号)

CBBAD　DAACB　BCBDC　CBDDA　ACBCD　CACBD

二、填空题

1. 结构化
2. 15
3. 非0
4. 141340
5. i
6. 2
7. a[row][col]
8. 3
9. * s
10. FILE

1.7 C语言等级考试卷G及其参考答案(全国)

一、选择题(每小题1分,共40分)

1. 下列数据结构中,属于非线性结构的是(　　)。

A. 循环队列　　B. 带链队列　　C. 二叉树　　D. 带链栈

2. 算法空间复杂度是指(　　)。

A. 算法在执行过程中所需的计算机存储空间

B. 算法所处理的数据量

C. 算法程序中的语句或指令条数

D. 算法在执行过程中所需要的临时工作单元数

3. 下列数据结构中,能够按照“先进后出”原则存取数据的是(　　)。

A. 循环队列　　B. 栈　　C. 队列　　D. 二叉树

4. 某二叉树共有12个节点,其中叶子节点只有1个,则该二叉树深度为(根节点在第1层)(　　)。

A. 3　　B. 6　　C. 8　　D. 12

5. 下面不能作为结构化方法软件需求分析工具的是(　　)。

A. 系统结构图　　B. 数据字典(DD)

C. 数据流程图(DFD图)　　D. 判定表

6. 下面不属于软件测试实施步骤的是(　　)。

A. 集成测试　　B. 回归测试　　C. 确认测试　　D. 单元测试

7. 下面描述中不属于数据库系统特点的是(　　)。

A. 数据共享　　B. 数据完整性　　C. 数据冗余度高　　D. 数据独立性高

8. 负责数据库中查询操作的数据库语言是(　　)。

A. 数据定义语言　　B. 数据管理语言　　C. 数据操纵语言　　D. 数据控制语言

9. 设数据元素的集合D={1,2,3,4,5},则满足下列关系R的数据结构中为线性结构的是(　　)。

A. R={(1,2), (3,2), (5,1), (4,5)}

B. R={(1,3), (4,1), (3,2), (5,4)}

C. R={(1,2), (2,4), (4,5), (2,3)}

D. R={(1,3), (2,4), (3,5), (1,2)}

10. 一般情况下,当对关系R和S进行自然连接时,需要R和S含有一个或者多个共有的(　　)。

A. 记录　　B. 行　　C. 属性　　D. 元组

11. 以下关于结构化程序设计的叙述中正确的是(　　)。

A. 由三种基本结构构成的程序只能解决小规模的问题

B. 结构化程序使用 goto 语句会很便捷

C. 一个结构化程序必须同时由顺序、分支、循环三种结构组成

D. 在 C 语言中,程序的模块化是利用函数实现的

12. 以下叙述中正确的是(　　)。

A. 书写源程序时,必须注意缩进格式,否则程序会有编译错误

B. 程序的主函数名除 main 外,也可以使用 Main 或_main

C. 程序可以包含多个主函数,但总是从第一个主函数处开始执行

D. 在 C 程序中,模块化主要是通过函数来实现的

13. 以下叙述中正确的是(　　)。

A. 只能在函数体内定义变量,其他地方不允许定义变量

B. 常量的类型不能从字面形式上区分,需要根据类型名来决定

C. 预定义的标识符是 C 语言关键字的一种,不能另做他用

D. 整型常量和实型常量都是数值型常量

14. 若有以下程序段:

```
double x=5.16894;
printf("%f\n",(int)(x*1000+0.5)/(double)1000);
```

则程序段的输出结果是(　　)。

A. 5.170000　　B. 5.175000　　C. 5.169000　　D. 5.168000

15. 以下定义语句中正确的是(　　)。

A. int a=b=0;　　B. char A=65+1,b='b';

C. float a=1, *b=&a, *c=&b;　　D. double a=0.0; b=1.1;

16. 若有以下程序:

```
double x=5.16894;
#include <stdio.h>
int main(void) {
   int a=-11,b=10;
   a%=b%=4;
   printf("%d %d\n",a,b); return (0);
}
```

则程序的输出结果是(　　)。

A. 1 2　　B. −1 2　　C. −1 −2　　D. 1 −2

17. 下面选项中关于位运算的叙述正确的是(　　)。

A. 位运算的对象只能是整型或字符型数据

B. 位运算符都需要两个操作数

C. 左移运算的结果总是原操作数据的 2 倍

D. 右移运算时，高位总是补0

18. 若有以下程序：

```
#include <stdio.h>
char fun(char x)
{return x*x+'a';}
int main(void) {
   char a,b=0;
   for(a=0;a<4;a+=1)
   { b=fun(a); putchar(b); }
   printf("\n"); return 0;
}
```

则程序的输出结果是(　　)。

A. abcd　　B. ABEJ　　C. abej　　D. ABCD

19. 若有以下程序：

```
#include <stdio.h>
int main(void) {
   int i,j;
   for(i=1;i<4;i++)
   { for(j=i;j<4; j++)
       printf("%d*%d=%d",i,j,i*j);
     printf("\n");
   }
}
```

程序运行后的输出结果是(　　)。

A. 1*1=1 1*2=2 1*3=3
2*1=2 2*2=4
3*1=3

B. 1*1=1 1*2=2 1*3=3
2*2=4 2*3=6
3*3=9

C. 1*1=1
1*2=2 2*2=4
1*3=3 2*3=6 3*3=9

D. 1*1=1
2*1=2 2*2=4
3*1=3 3*2=6 3*3=9

20. 设有定义语句：

```
double a,b,c;
```

若要求通过输入分别给a、b、c输入1、2、3，输入形式如下：

```
1.0  2.0  3.00 <回车>
```

则能进行正确输入的语句是(　　)。

A. scanf("%lf%lf%lf",a,b,c);

B. scanf("%lf%lf%lf",&a,&b,&c);

C. scanf("%f%f%f",&a,&b,&c);

D. scanf("%5.1lf%5.1lf%5.1lf",&a,&b,&c);

21. 若有以下程序：

```
#include <stdio.h>
int main(void) {
   int a=1,b=2,c=3,d=4;
   if ((a=2) && (b=1)) c=2;
   if ((c==3) || (d=-1)) a=5;
   printf("%d,%d,%d,%d \n",a,b,c,d); return (0);
}
```

则程序的输出结果是(　　)。

A. 2,2,2,4　　B. 2,1,2,−1　　C. 5,1,2,−1　　D. 1,2,3,4

22. 有以下程序：

```
#include <stdio.h>
int main(void) {
   double x=2.0,y;
   if (x<0.0) y=0.0;
   else if ((x<5.0) && (!x))
      y=1.0/(x+2.0);
   else if (x<10.0) y=1.0/x;
   else y=10.0;
   printf("%f\n",y); return (0);
}
```

则程序运行后的输出结果是(　　)。

A. 0.000000　　B. 0.250000　　C. 0.500000　　D. 1.000000

23. 有以下程序：

```
#include <stdio.h>
int main(void) {
   int a=-2,b=0;
   while (a++&& ++b);
      printf("%d,%d\n",a,b); return (0);
}
```

则程序运行后的输出结果是(　　)。

A. 0,2　　B. 0,3　　C. 1,3　　D. 1,2

24. 有以下程序：

```
#include <stdio.h>
int main(void) {
   int a=6,b=0,c=0;
   for(;a;) { b+=a; a-=++c;};
   printf("%d,%d,%d \n",a,b,c); return (0);
}
```

则程序的输出结果是(　　)。

A. 1,14,3　　　　B. 0,14,3　　　　C. 0,18,3　　　　D. 0,14,6

25. 以下叙述中正确的是(　　)。

A. 一条语句只能定义一个数组

B. 每个数组包含一组具有同一类型的变量,这些变量在内存中占有连续的存储单元

C. 数组说明符的一对方括号中只能使用整型常量,而不能使用表达式

D. 在引用数组元素时,下标表达式可以使用浮点数

26. 有如下程序:

```
#include <stdio.h>
#include <string.h>
int main(void) {
   char a[]="1234", * b="ABC";
   printf("%d %d %d %d\n",strlen(a),sizeof(a),strlen(b),sizeof(b));
   return (0);
}
```

则程序运行后的输出结果是(　　)。

A. 4 5 3 4　　　　B. 4 3 2 1　　　　C. 4 5 3 3　　　　D. 4 5 1 3

27. 有如下程序:

```
#include <stdio.h>
int main(void) {
   if('\0'==0) putchar('X');
   if('0'==0) putchar('Y');
   if('a'>'b') putchar('Z');
   printf("\n");
}
```

则程序运行后的输出结果是(　　)。

A. YZ　　　　B. XYZ　　　　C. X　　　　D. Y

28. 以下叙述正确的是(　　)。

A. 语句 int a[4][3]={{1,2},{4,5}};是错误的初始化形式

B. 语句 int a[4][3]={1,2,4,5};是错误的初始化形式

C. 语句 int a[ ][3]={1,2,4,5};是错误的初始化形式

D. 在逻辑上,可以把二维数组看成是一个具有行和列的表格或矩阵

29. 设有某函数的声明为:int * func(int a[10],int n);则下列叙述中正确的是(　　)。

A. 形参 a 对应的实参只能是数组名

B. 说明中的 a[10]写成 a[]或 * a,效果完全一样

C. func 的函数体中不能对 a 进行移动指针(如 a++)的操作

D. 只能指向 10 个整数内存单元的指针,才能作为实参传给 a

30. 有如下程序:

```
#include <stdio.h>
```

```
int fun(int x, int y) {
   if (x!=y) return ((x+y)/2);
   else return (x);
}
int main(void) {
   int a=4,b=5,c=6;
   printf("%d\n",fun(2*a,fun(b,c)));
}
```

则程序运行后的输出结果是(　　)。

A. 3　　B. 6　　C. 8　　D. 12

31. 要求定义一个具有 6 个元素的 int 型一维数组,以下选项中错误的是(　　)。

A. int N=6,a[N];

B. int a[2 * 3]={0};

C. #define N　3
int a[N+N]

D. int a[]={1,2,3,4,5,6};

32. 以下叙述中正确的是(　　)。

A. 字符串常量"str1"的类型是字符串数据类型

B. 有定义语句:char str1[]="str1";,数组 str1 包含 4 个元素

C. 下面的语句用赋初值的方式来定义字符串,其中,'\0'不可缺少

```
int a[N+N]
```

D. 字符数组的每个元素可存放一个字符,并且最后一个元素必须是'\0'字符

33. 以下叙述中错误的是(　　)。

A. 当在程序的开头包含头文件 stdio.h 时,可以给指针变量赋 NULL

B. 函数可以返回地址值

C. 改变函数形参的值,不会改变对应实参的值

D. 可以给指针变量赋一个整数作为地址值

34. 设有定义语句:

```
float a[10],x;
```

则以下叙述中正确的是(　　)。

A. 语句 a=&x;是非法的

B. 表达式 a+1 是非法的

C. 三个表达式 a[1]、*(a+1)、*&a[1] 表示的意思完全不同

D. 表达式 *&a[1]是非法的,应该写成 *(&a[1])

35. 有如下程序:

```
#include <stdio.h>
int fun(int n) {
   int a;
   if (n==1) return 1;
   a=n+fun(n-1);
   return a;
```

```
}
int main(void) {printf("%d\n",fun(5)); return 0;}
```

则程序的输出结果是(　　)。

A. 9　　B. 14　　C. 10　　D. 15

36. 以下针对全局变量的叙述错误的是(　　)。

A. 全局变量的作用域是从定义位置开始至源文件结束

B. 全局变量是在函数外部任意位置上定义的变量

C. 用 extern 说明符可以限制全局变量的作用域

D. 全局变量的生成期贯穿整个程序的运行期间

37. 以下叙述中正确的是(　　)。

A. 如果 p 是指针变量,则 &p 是不合法的表达式

B. 如果 p 是指针变量,则 * p 表示变量 p 的地址值

C. 在对指针进行加、减算术运算时,数字 1 表示 1 个存储单元的长度

D. 如果 p 是指针变量,则 * p+1 和 * (p+1)的效果是一样的

38. 有如下程序:

```
#include <stdio.h>
#define N  2
#define M  N+1
#define NUM  (M+1) * M/2
int main(void) {printf("%d\n",NUM); return 0;}
```

则程序运行后的输出结果是(　　)。

A. 4　　B. 8　　C. 9　　D. 6

39. 有如下程序:

```
#include <stdio.h>
int main(void) {
  int a=2,c=5;
  printf("a=%%d b=%%d\n",a,c); return 0;
}
```

则程序运行后的输出结果是(　　)。

A. a=%d b=%d　　B. a=%2 b=%5

C. a=%%d b=%%d　　D. a=2 b=5

40. 有如下语句:

```
typedef struct Date{
  int year;
  int month;
  int day;
} DATE;
```

则以下叙述中错误的是(　　)。

A. DATE 是用户说明的新结构体类型名

B. struct Date 是用户定义的结构体类型

C. DATE 是用户定义的结构体变量

D. struct 是结构体类型的关键字

二、程序填空题(共 18 分)

下列给定程序中,函数 fun()的功能是:计算 $f(x)=1+x+x^2/2!+\cdots++x^n/n!$ 直到 $|x^n/n!|<10^{-6}$。若 x=2.5,函数值为 12.182494。

请在程序的下画线处填入正确的内容并把下画线删除,使程序得出正确的结果。

注意:不得增行或删行,也不得更改程序的结构。试题程序:

```
#include <stdio.h>
#include <math.h>
double fun(double x) {
   double f,t; int n;
   /****** found ******/
   f=1.0+___1___;
   t=x;
   n=1;
   do {
      n++;
     /****** found ******/
      t *=x/___2___;
     /****** found ******/
      f+=___3___;
   } while (fabs(t)>=1e-6);
   return f;
}
int main(void) {
   double x=2.5,y;
   x=2.5;
   y=fun(x);
   printf("The result is :\n");
   printf("x=%-12.6f  y=%-12.6f\n",x,y); return 0;
}
```

三、程序修改题(共 18 分)

下列给定程序中,函数 fun 的功能是:将主函数中两个变量的值进行交换。例如,若变量 a 中的值为 8,b 中的值为 3,则程序运行后,a 中的值为 3,b 中的值为 8。

请改正程序中的错误,使它能得出正确的结果。

注意:不得改动 main 函数,不得增行或删行,也不得更改程序的结构。

```
#include <stdio.h>
void fun(int x,int y) {
```

```
    int t;
    /****** found ******/
    t=x; x=y; y=t;
}
int main(void) {
    int a,b;
    a=8;
    b=3;
    fun(&a,&b);
    printf("%d %d\n",a,b); return 0;
}
```

四、程序设计题(共24分)

请编写函数fun(),其功能是:找出一维整型数组元素中最大的值及其所在的下标,并通过形参传回。数组元素中的值已在主函数中赋予。

主函数中x是数组名,n是x中的数据个数,max存放最大值,index存放最大值所在元素的下标。

注意:请勿改动main()函数和其他函数中的任何内容,仅在函数fun()的花括号中填入编写的若干语句。

试题程序:

```
#include <stdlib.h>
#include <stdio.h>
#include <time.h>
void fun(int a[],int n, int *max, int *d) {



}
int main(void) {
    FILE *wf;
    int i,x[20],max,index,n=10;
    int y[20]={4,2,6,8,11,5};
    srand((unsigned)time(NULL));
    for(i=0;i<n;i++) {
        x[i]=rand()%50;
        printf("%4d",x[i]); /* 输出一个随机数组 */
    }
    printf("\n");
    fun(x,n,&max,&index);
    printf("Max=%5d, Index=%4d\n",max,index);
    /*********************/
    wf=fopen("out.dat","w");
    fun(y,6,&max,&index);
```

```
  fprintf(wf,"Max=%5d, Index=%4d\n",max,index);
  fclose(wf);
  /*********************/
  return 0;
}
```

参考答案

一、选择题（为节省篇幅，选择题答案按题号顺序排列，省略题号）

CABDA　BCCBC　DDDCB　BACBB

CCDBB　ACDBB　ACDAD　CCBAC

二、程序填空题

(1) x

(2) n

(3) t

三、程序修改题

(1) void fun(int * x, int * y)

(2) t= * x; * x= * y; * y=t;

四、程序设计题

```
void fun(int a[],int n, int *max, int *d) {
{  int i;
   *max=a[0]; *d=0;
   for(i=0; i<n; i++)
  /*将最大的元素放入指针 max 所指的单元，最大元素的下标放入指针 d 所指的单元*/
      if ( *max<a[i] )
      { *max=a[i]; *d=i; }
}
```

1.8　C语言上机题A及其参考答案(江苏)

一、改错题

[程序功能]

根据转换说明字符的含义将一个整型数转换为某一进制表示的数字字符串。转换说明字符与转换后的数字字符串中数字的进制表示规定如下：d代表十进制；o(小写字母)代表八进制；x(小写字母)代表十六进制。

当函数"char * convert(int x,char type,char y[])"被调用时，type中存储转换说明字符，x中存储待转换的整型数，y指向的数组中存储转换后的数字字符串，函数返回y指向数组的首地址。

主函数接收并保存键盘输入的一个转换说明字符和一个用十进制表示的整数，调用convert()函数根据转换说明字符转换为数字字符串，并输出转换后的数字字符串。

[测试数据与运行结果]

输入 d 31 时应输出 31,输入 d -31 时应输出-31
输入 o 31 时应输出 37,输入 o -31 时应输出-37
输入 x 31 时应输出 1f,输入 x -31 时应输出-1f

[含有错误的源程序]

```
#include <stdio.h>
#include <conio.h>
char * convert(int x,char type,char y[])
{   int i=0,j,base,xx;char k;
    switch(type)
    {   case 'd': base=10;break;
        case 'o': base=8;break;
        case 'x': base=16;
    }
    if (x<0) xx=-x;
    else xx=x;
    while (xx>0)
    {   int m=xx%base;
        if (base<=10 && m<10) y[i]=m+'0';
        else y[i]=m-10+'a';
        xx=xx/base;
        i++;
    }
    if (x<0) y[i++]='-';
    for(j=0;j<i;j++){k=y[j];y[j]=y[i-j-1];y[i-j-1]=k;}
    y[i]='\0';
    return y[0];
}
int main(void)
{
    int number;
    char t,str[7]={0};
    puts("input conversion type and number:");
    scanf("%c%d",&t,&number);
    puts(char * convert(number,t,str));
}
```

[要求]

(1) 将上述程序输入 myf1.c 中,根据题目要求及程序中语句之间的逻辑关系对程序中的错误进行修改。

(2) 改错时,可以修改语句中的一部分内容,调整语句次序,增加少量的变量说明或编译预处理命令,但不能增加其他语句,也不能删除整条语句。

（3）改正后的源程序（文件名为 myf1.c）保存在考试软盘的根目录中供阅卷使用，否则不予评分。

二、编程题

［程序功能］

验证定理：大于 2 的两个相邻素数之和等于 3 个大于 1 的整数之积。

［编程要求］

（1）编写函数“void fun(int b[][5],int a[],int n)”，当该函数被调用时，a 指向的数组中从小到大存放了从 3 开始的前 n 个素数。该函数的功能是依次取出 a 数组中相邻的两个素数（共 n－1 对）验证上述定理，将每对相邻素数及验证中产生的符合上述定理的 3 个大于 1 的整数依次放入 b 数组的一行中。

（2）编写 main 函数，声明 a 数组并用素数序列{3,5,7,11,13,17,19,23,29,31,37}初始化，用 a 数组中的数据调用 fun()函数验证上述定理，再将运行结果按所示格式输出到屏幕并保存到文件 myf2.out 中，最后将考生本人的准考证号字符串保存到文件 myf2.out 中。

［测试数据与运行结果］

运行结果：

```
3+5=2×2×2
5+7=2×2×3
7+11=2×3×3
11+13=2×2×6
13+17=2×3×5
17+19=2×2×9
19+23=2×3×7
23+29=2×2×13
29+31=2×2×15
31+37=2×2×17
```

［要求］

（1）源程序文件名必须为 myf2.c，输出结果文件名为 myf2.out。

（2）数据文件的打开、使用、关闭均用 C 语言标准库中缓冲文件系统的文件操作函数实现。

（3）源程序文件和运行结果文件均须保存在考生文件夹中供阅卷使用。

（4）不要复制扩展名为.obj 和.exe 的文件到考生文件夹中。

参考答案

一、改错题

if (base<=10 && m<10)　改为：if (base<=10 || m<10)

for(j=0;j<i;j++)　改为：for(j=0;j<i/2;j++)

return y[0];　改为：return y;

puts(char *convert(number,t,str));　改为：puts(convert(number,t,str));

二、编程题

```
#include <stdio.h>
#include <stdlib.h>
#define N 20
void fun(int b[][5],int a[],int n)
//该函数的功能是依次取出a数组中相邻的两个素数,验证题目中的定理
{
    int i,j,k,sum,flag;
    for(i=0;i<n-1;i++)
    {
        sum=0;
        for(j=0;j<2;j++)
        {
            b[i][j]=a[i+j];                  //依次取出a数组中相邻的两个素数
            sum+=b[i][j];                    //求相邻两素数的和
        }
        b[i][2]=2;
        flag=1;
        for(j=2;j<sum/2&&flag;j++)
            for(k=2;k<sum/2;k++)
            if (b[i][2]*j*k==sum)            //判断是否有三个数的乘积等于两个素数之和
            {   b[i][3]=j;
                b[i][4]=k;                   //将符合条件的乘积因子i、j保存到数组b中
                flag=0;
                break;
            }
    }
}
int main(void)
{   int a[11]={3,5,7,11,13,17,19,23,29,31,37},n=11;
    int b[N][5]={0},i;
    FILE *fp;
    fp=fopen("myf2.out","w");
    if (fp==NULL)
    {printf("Can not open the file!\n");exit(0);}
    fun(b,a,n);
    for(i=0;i<n-1;i++) printf("%2d+%2d=%2d*%2d*%2d\n",b[i][0],b[i][1],b[i]
    [2],b[i][3],b[i][4]);
    for(i=0;i<n-1;i++) fprintf(fp,"%2d+%2d=%2d*%2d*%2d\n",b[i][0],b[i][1],
    b[i][2],b[i][3],b[i][4]);
    printf("\nMy exam number is: XXXX001\n");             //考生准考证
    fprintf(fp,"\nMy exam number is: XXXX001\n");         //考生准考证
    fclose(fp); getchar();
}
```

1.9 C语言上机题B及其参考答案(江苏)

一、改错题

［程序功能］

计算两个按升序排列的数组之间的最小距离。两个数组之间的最小距离是指一个数组中每个元素分别与另一个数组中每个元素的数据差的绝对值中的最小值。

函数 min_dist 计算包含 m 个元素的 a 数组和包含 n 个元素的 b 数组之间的最小距离。

提示：INT_MAX 是在 limits.h 中定义的符号常量，用于代表所用编译系统中 int 类型数据的最大值。

［测试数据与运行结果］

测试数据：

a 数组中的数据：1,3,7,11,18

b 数组中的数据：4,5,8,13,22

运行结果：

```
min distance=1
```

［含有错误的源程序］

```
#include <stdio.h>
#include <conio.h>
#include <limits.h>
#define min(int x,int y) ((x)<(y)?(x):(y))
int min_dist(int a,int b,int m,int n)
{    int min=INT_MAX;
     int ia=0,ib=0;
     while(ia<m||ib<n)
     if(a[ia]>=b[ib])
     {    min=min(min,a[ia]-b[ib]);
          ib++;
     }
     else
     {    min=min(min,b[ib]-a[ia]);
          ia++;
     }
     return min;
}
int main(void)
{    int a[]={1,3,7,11,18},b[]={4,5,8,13,22};
     int i,m,n;
     m=sizeof(a)/sizeof(int);
     n=sizeof(b)/sizeof(int);
     printf("\n");
```

```
    for(i=0;i<m;i++) printf("%5d",a[i]);
    printf("\n");
    for(i=0;i<n;i++) printf("%5d",b[i]);
    printf("\n min distance=%f",min_dist(a,b,m,n));
}
```

[要求]

(1) 将上述程序输入 myf1.c 中,根据题目要求及程序中语句之间的逻辑关系对程序中的错误进行修改。

(2) 改错时,可以修改语句中的一部分内容,调整语句次序,增加少量的变量说明或编译预处理命令,但不能增加其他语句,也不能删除整条语句。

(3) 改正后的源程序(文件名为 myf1.c)保存在考生文件夹中供阅卷使用,否则不予评分。

二、编程题

[编程要求]

(1) 编写函数"int find(int n,long x[])",找到并保存所有满足以下 3 个条件的用 n 位十进制数表示的正整数(n 是函数被调用时形参 n 获得的值):该数是某个数的平方;该数的末两位是 25;组成该数的各位数字中有两位是相同的。例如,225 是满足所给条件的三位正整数($15^2=225$);1225 是满足所给条件的四位正整数($35^2=1225$)。x 指向数组中存放找到的满足条件的正整数,函数返回找到的正整数个数。

(2) 编写 main()函数,调用两次 find 函数分别求满足上述条件的所有三位正整数和所有四位正整数,再将满足条件的三位正整数和四位正整数输出到屏幕并保存到文件 myf2.out 中。最后将考生本人的准考证号字符串保存到结果文件 myf2.out 中。

[测试数据与运行结果]

运行结果:

```
n=3:225
n=4:1225  2025  4225  7225
```

[要求]

(1) 源程序文件名必须为 myf2.c,输出结果文件名为 myf2.out。

(2) 数据文件的打开、使用、关闭均用 C 语言标准库中缓冲文件系统的文件操作函数实现。

(3) 源程序文件和运行结果文件均须保存在考生文件夹中供阅卷使用。

(4) 不要复制扩展名为.obj 和.exe 的文件到考生文件夹中。

参考答案

一、改错题

#define min(int x,int y) ((x)<(y)? (x):(y)) 改为:#define min(x,y) ((x)<(y)? (x):(y))

int min_dist(int a,int b,int m,int n) 改为:int min_dist(int a[],int b[],int m,int n) while(ia<m||ib<n) 改为：while(ia<m && ib<n)

printf("\n min distance=%f",min_dist(a,b,m,n)); 改为：printf("\n min distance=%d",min_dist(a,b,m,n));

二、编程题

```
#include <stdio.h>
#include <stdlib.h>
#include <math.h>
int find(int n,long x[5])
/*该函数的功能是,找到并保存所有满足题目中给出的 3 个条件的用 n 位十进制数表示的正整
数*/
{   long i,j,k=0,s,m1,m2,t,num[10]={0};
    m1=pow(10,n-1);
    m2=pow(10,n);
    for(i=m1;i<m2;i++)
    {   t=sqrt(i);
        if(i==t*t)                          /*判断该数是否是某个数的平方*/
        {   if(i%100==25)                   /*判断该数的末尾两位是否为 25*/
            {   for(j=0;j<10;j++)  num[j]=0;
                for(s=i,j=0;j<n;j++)
                                  /*对 s 进行数位分离并用 num 数组记录相同数位的个数*/
                {   num[s%10]++;s=s/10;}
                    for(j=0;j<n;j++) if(num[j]==2) break;
                                            /*查看各位数字是否有两位相同*/
                    if(j<n) x[k++]=i;
                }
            }
        }
    return k;                               /*将符合条件的数的个数作为函数返回值*/
}
int main(void)
{   FILE *fp;                               /*文件指针*/
    long a[100],n,i,j;
    fp=fopen("myf2.out","w");
    if(fp==NULL) {printf("Can not open the file!\n");exit(0);}
    for(i=3;i<5;i++)
    {   printf("\n n=%d:",i);
        fprintf(fp,"\n n=%d:",i);
        n=find(i,a);
        /*将一维数组中的数据输出到屏幕并且保存到结果文件中*/
        for(j=0;j<n;j++){printf("%5d",a[j]); fprintf(fp,"%5d",a[j]);}
    }
    printf("\nMy exam number is: XXXX001\n");             //考生准考证
    fprintf(fp,"\nMy exam number is: XXXX001\n");         //考生准考证
    fclose(fp);                                           /*关闭文件*/
```

```
}
```

1.10 C语言上机题C及其参考答案(全国)

1. 下列给定程序中,函数fun()的功能是通过某种方式实现两个变量值的交换,规定不允许增加语句和表达式。例如,变量a的初值为8,b的初值为3,程序运行后a中的值为3,b中的值为8。试题程序如下。

```
#include<conio.h>
#include<stdio.h>
int fun(int * x,int y)
{   ___①___t;
    t= * x; * x=y;
    return(t)___②___
}
int main(void)
{   int a=8,b=3;
    printf("%d %d\n ",a,b);
    b=fun(___③___,b);
    printf("%d %d\n ",a,b);
}
```

解析:根据题目的意思,①处应该是声明一个新的变量t,由后面的赋值语句以及返回语句可以了解到这个变量应该是整型的(因为函数的返回值类型是int)。②处是子函数的返回语句,由C语言的知识可知,每个语句的结尾都应该使用";"。对于③处,fun()函数的调用方式说明fun()函数的参数应当为指针类型,即应该把变量的地址作为参数传递(符号"&"是取地址操作)。

答案:① int ② ; ③ &a

2. 给定程序modi.c中,函数fun()的功能是求两个形参的乘积和商,并通过形参返回调用程序。例如,输入61.82和12.65,输出为"c=782.023000 d=4.886957"。请改正fun()函数中的错误,使它能得出正确的结果。注意,不要改动main()函数。

```
#include<stdio.h>
#include<conio.h>
/**********found**********/
void fun (double a, b, double x,y)
{/**********found**********/
x=a * b; y=a/b;
}
int main(void)
{   double a, b, c, d;
    system("cls");  //clrscr();
    printf ("Enter a, b : ");
    scanf ("%lf%lf", &a, &b);
```

```
    fun (a, b, &c, &d) ;
    printf (" c=%f d=%f\n ", c, d);
}
```

解析：本题的考核点是C语言中函数的入口参数和指针的使用。函数的参数表是由逗号分隔的变量表，变量表由变量类型和变量名组成，与普通的变量说明不同的是，函数参数必须同时具有变量类型和变量名，因此应该把程序中的“void fun (double a，b，double x,y)”语句改为“void fun (double a,double b，double *x，double *y)”或相同作用的语句。从主函数中的“fun(a，b，&c，&d)；”语句可以看出，fun()函数后的两个参数应该为长浮点型数据的指针，因此应该把程序中的“x=a*b；y=a/b;”语句改为“*x=a*b；*y=a/b;”或相同作用的语句。

答案：

(1)“void fun(double a，b，double x,y)”语句改为“void fun(double a,double b，double *x，double *y)”；

(2)“x=a*b；y=a/b;”语句改为“*x=a*b；*y=a/b;”。

3. 请编写一个函数float fun(double h)，该函数的功能是将变量h中的值保留两位小数，并对第三位进行四舍五入(规定h中的值为正数)。例如，h值为8.32433，则函数返回8.32；h值为8.32533，则函数返回8.33。注意，部分源程序保存在文件prog.c中。请勿改动主函数main()和其他函数中的任何内容，仅在函数fun()的花括号中输入编写的若干语句。

```
#include<stdio.h>
#include<conio.h>
float fun(float h)
{…}
int main(void)
{   float a;
    system("cls");
    printf("Enter a: ");scanf("%f",&a);
    printf("The original data is: ");
    printf("%f \n\n",a);
    printf("The result: %f\n",fun(a));
}
```

答案与解析：本题的考核点是类型转换与小数四舍五入的算法。提示思路为先将原数值加上要保留位上的位权值的一半，再除以要保留位上的位权值，通过类型转换将要舍去的部分去掉，最后通过类型转换将其转换为最终结果。

```
float fun (float h)
{   long num;
    h=h+0.005;
    h=h*100;
    num=h; /*对h求整*/
    h=num;
    h=h/100;
```

```
    return h;
}
```

1.11 C语言上机题D及其参考答案(全国)

一、程序填空题

在给定程序中,函数fun()的功能是将形参std所指结构体数组中年龄最大者的数据作为函数值返回,并在main()函数中输出。请在程序的下画线处输入正确的内容并把下画线删除,使程序得出正确的结果。

注意:部分源程序如下,请勿改动主函数main和其他函数中的任何内容,仅在fun()函数的行线上输入所编写的若干表达式或语句。

[试题源程序]

```
#include <stdio.h>
typedef struct
{   char name[10];
    int age;
}STD;
STD fun(STD std[],int n)
{
    STD max;int i;
    //******************found************************
    max= ___①___;
    for(i=1;i<n;i++)
        //**********found***************
        if (max.age< ___②___)
            max=std[i];
    return max;
}
int main(void)
{   STD std[5]={"aaa",17,"bbb",16,"ccc",18,"ddd",17,"eee",15};
    STD max;
    max=fun(std,5);
    printf("\nThe result:\n");
    //***************found*****************
    printf("\nName:%s,Age:%d \n", ___③___,max.age);
}
```

二、程序修改题

下列给定程序是建立一个带头节点的单向链表,并用随机函数为各节点赋值。函数fun()的功能是将单向链表节点(不包括头节点)数据域为偶数的值累加起来,并作为函数值返回。

［试题源程序］

```
#include <stdio.h>
#include <stdlib.h>
typedef struct aa
{   int data;
    struct aa * next;
}NODE;
int fun(NODE * h)
{   int sum=0;
    NODE * p;
    //****************found**************
    p=h;
    while(p->next)
    {
        if(p->data%2==0)
            sum+=p->data;
        //***********found**************
        p=h->next;
    }
    return sum;
}
NODE * creatlink(int n)
{   NODE * h, * p, * s;
    int i;
    h=p=(NODE *)malloc(sizeof(NODE));
    for(i=1;i<=n;i++)
    {   s=(NODE *)malloc(sizeof(NODE));
        s->data=rand()%16;
        s->next=p->next;
        p->next=s;
        p=p->next;
    }
    p->next=NULL;
    return h;
}
outlink(NODE * h,FILE * pf)
{   NODE * p;
    p=h->next;
    fprintf(pf,"\n\nTHE LIST:\n\n HEAD");
    while(p)
    {
        fprintf(pf,"->%d",p->data);p=p->next;
    }
    fprintf(pf,"\n");
}
```

```
outresult(int s,FILE * pf)
{
    fprintf(pf,"\nThe sum of even numbers:%d\n",s);
}
int main(void)
{   NODE * head; int even;
    head=creatlink(12);
    head->data=9000;
    outlink(head,stdout);
    even=fun(head);
    printf("\nThe result:\n");outresult(even,stdout);
}
```

三、程序设计题

请编写函数 fun(),它的功能是将带头节点单向链表按 data 域由大到小排序(排序时不考虑头节点),主函数用随机函数为各节点 data 域赋值,头节点 data 域赋值为 0。

注意:部分源程序如下,请勿改动主函数 main()和其他函数中的任何内容,仅在函数 fun()的花括号中输入所编写的若干语句。

[试题源程序]

```
#include <stdio.h>
#include <stdlib.h>
#include <conio.h>
#include <time.h>
struct aa
{
    int data;
    struct aa * next;
};
void fun(struct aa * p)
{                                                          //补充完成本函数
}
int main(void)
{   int i,n,m=100;
    struct aa * h=NULL, * s=NULL, * p=NULL;
    time_t t;
    srand((unsigned)time(&t));          //产生随机数的起始发生数据,和 rand()配合使用
    system("cls");                      //TC 使用"clrscr();"
    s=(struct aa *)malloc(sizeof(struct aa));
    h=s;h->data=0;h->next=NULL;
    printf("Please input n:");
    scanf("%d",&n);
    for(i=1;i<=n;i++)
    {   p=(struct aa *)malloc(sizeof(struct aa));
```

```
        p->data=rand()%m;p->next=NULL;
        printf("%d ",p->data);
        s->next=p;s=s->next;
    }
    fun(h);
    printf("\n");
    for(h=h->next;h!=NULL;h=h->next)
        printf("%d  ",h->data);
}
```

参考答案

一、程序填空题

① * std ② std[i].age ③ max.name

二、程序修改题

(1) while(p－>next) 改为：while(p! =NULL) 或 while(p)

(2) p=h－>next; 改为：p=p－>next;

三、程序设计题

```
void fun(struct aa *p)
{
    int temp;
    struct aa *lst;
    for(p=p->next;p->next!=NULL;p=p->next)
        for(lst=p->next;lst!=NULL;lst=lst->next)
            if(lst->data>p->data)
            {
                temp=lst->data;
                lst->data=p->data;
                p->data=temp;
            }
}
```

1.12 C语言上机题E及其参考答案(全国)

1. 函数fun()的功能是计算正整数n的所有因子(1和n除外)之和作为函数值返回。例如,n=120时,函数值为239。

```
#include<conio.h>
#include<stdio.h>
int fun(int n)
{   int ___①___,s=0;
    /*能整除n的自然数即称为因子*/
    for (i=2;i<n;i++)
```

```
    if (n%i==0) s= ② ;
    return (s);
}
int main(void)                          /*主函数*/
{   printf("%d\n",fun(120));
}
```

解析：本题的考核点是计算n的所有因子的算法。

解题思路：判断因子的方法是能被n整除的数。由于题意中指明需将1和n除外，所以循环的范围应从2至n－1。

答案：① i　② s＋i

2. 已知一个数列的前三项分别为0、0、1，以后的各项都是其相邻的前三项之和。给定程序modi.c，中函数fun()的功能是计算并输出该数列前n项的平方根之和sum。n的值通过形参传入。例如，当n＝10时，程序的输出结果应为23.197745。请改正函数fun()中的错误，使程序能输出正确的结果。注意，不要改动main()函数。

```
#include<conio.h>
#include<stdio.h>
#include<math.h>
/************found************/
fun(int n)
{   double sum, s0, s1, s2, s; int k;
    sum=1.0;
    if (n <=2) sum=0.0;
    s0=0.0; s1=0.0; s2=1.0;
    for (k=4; k <=n; k++)
    {   s=s0+s1+s2;
        sum+=sqrt(s);
        s0=s1; s1=s2; s2=s;
    }
    /************found************/
    return sum
}
int main(void)
{   int n;
    system("cls");//clrscr();
    printf("Input N=");
    scanf("%d", &n);
    printf("%f\n", fun(n));
}
```

解析：本题的考核点是C语言中的函数的入口参数和类型转换。C语言规定，凡不加类型说明的函数，一律自动按整型处理。如果函数有返回值，这个值当然属于某一个确定的类型，应在定义函数时指定函数值的类型。根据题意，函数的返回值为实型，所以第一处错误“fun(int n)”应改为“floatfun (int n)”或具有相同作用的句子。函数的返回值是通过函数中的 return 语句获得的。return 语句后面的括号可以不要，但分号不能少，必须加分号。所以，第二处错误应改为“return sum;”或相同作用的句子。如果函数值的类型和 return 语句中表达式的值不一致，则以函数类型为准。对于数值型数据，可以自动进行类型转换，即函数类型决定返回值的类型。本评析仅作参考。

答案：(1) “fun(int n)”应改为“floatfun (int n)”。

(2) “return sum”应改为“return sum;”。

3. 请编写函数 fun()，它的功能是求 Fibonacci 数列中小于 t 的最大的一个数，结果由函数返回。其中，Fibonacci 数列 F(n)的定义为 F(0)＝0、F(1)＝1、F(n)＝F(n－1)＋F(n－2)，例如，t＝1000 时，函数值为 987。

注意，部分源程序如下，请勿改动主函数 main()和其他函数中的任何内容，仅在函数 fun()的花括号中输入所编写的若干语句。

[试题源程序]

```
#include<conio.h>
#include<math.h>
#include<stdio.h>
int fun(int t)
{…}
int main(void)
{   int n;
    system("cls");//clrscr();
    n=1000;
    printf("n=%d, f=%d\n",n, fun(n));
}
```

答案与解析：

```
int fun(int t)
{   int a=1,b=1,c=0,i; /*a 代表第 n-2 项,b 代表第 n-1 项,c 代表第 n 项*/
/*如果求得的数 c 比指定比较的数小,则计算下一个 Fibonacci 数,对 a、b 重新置数*/
    do {
        c=a+b;
        a=b;
        b=c;
    }
    while (c<t);       /*如果求得的数 c 比指定比较的数大,退出循环*/
    c=a;               /*此时数 c 的前一个 Fibonacci 数为小于指定比较的数的最大的数*/
    return c;
}
```

第 2 章　全国计算机等级考试二级 C 语言程序设计考试大纲(2018 年版)

基本要求

1. 熟悉 Visual C++ 集成开发环境。

2. 掌握结构化程序设计的方法,具有良好的程序设计风格。

3. 掌握程序设计中简单的数据结构和算法并能阅读简单的程序。

4. 在 Visual C++ 集成环境下,能够编写简单的 C 程序,并具有基本的纠错和调试程序的能力。

考试内容

一、C 语言程序的结构

1. 程序的构成,main 函数和其他函数。

2. 头文件,数据说明,函数的开始和结束标志以及程序中的注释。

3. 源程序的书写格式。

4. C 语言的风格。

二、数据类型及其运算

1. C 的数据类型(基本类型,构造类型,指针类型,无值类型)及其定义方法。

2. C 运算符的种类、运算优先级和结合性。

3. 不同类型数据间的转换与运算。

4. C 表达式类型(赋值表达式,算术表达式,关系表达式,逻辑表达式,条件表达式,逗号表达式)和求值规则。

三、基本语句

1. 表达式语句,空语句,复合语句。

2. 输入输出函数的调用,正确输入数据并正确设计输出格式。

四、选择结构程序设计

1. 用 if 语句实现选择结构。

2. 用 switch 语句实现多分支选择结构。

3. 选择结构的嵌套。

五、循环结构程序设计

1. for 循环结构。

2. while 和 do…while 循环结构。

3. continue 语句和 break 语句。

4. 循环的嵌套。

六、数组的定义和引用

1. 一维数组和二维数组的定义、初始化和数组元素的引用。

2. 字符串与字符数组。

七、函数

1. 库函数的正确调用。

2. 函数的定义方法。

3. 函数的类型和返回值。

4. 形式参数与实际参数,参数值的传递。

5. 函数的正确调用,嵌套调用,递归调用。

6. 局部变量和全局变量。

7. 变量的存储类别(自动,静态,寄存器,外部),变量的作用域和生存期。

八、编译预处理

1. 宏定义和调用(不带参数的宏,带参数的宏)。

2. "文件包含"处理。

九、指针

1. 地址与指针变量的概念,地址运算符与间址运算符。

2. 一维、二维数组和字符串的地址以及指向变量、数组、字符串、函数、结构体的指针变量的定义。通过指针引用以上各类型数据。

3. 用指针作函数参数。

4. 返回地址值的函数。

5. 指针数组,指向指针的指针。

十、结构体(即"结构")与共同体(即"联合")

1. 用 typedef 说明一个新类型。

2. 结构体和共用体类型数据的定义和成员的引用。

3. 通过结构体构成链表,单向链表的建立,节点数据的输出、删除与插入。

十一、位运算

1. 位运算符的含义和使用。

2. 简单的位运算。

十二、文件操作

只要求缓冲文件系统(即高级磁盘 I/O 系统),对非标准缓冲文件系统(即低级磁盘 I/O 系统)不要求。

1. 文件类型指针(FILE 类型指针)。

2. 文件的打开与关闭(fopen,fclose)。

3. 文件的读写(fputc,fgetc,fputs,fgets,fread,fwrite,fprintf,fscanf 函数的应用),文件的定位(rewind,fseek 函数的应用)。

考试方式

上机考试,考试时长 120 分钟,满分 100 分。

1. 题型及分值

单项选择题40分(含公共基础知识部分10分)。

操作题60分(包括程序填空题、程序修改题及程序设计题)。

2. 考试环境

操作系统:中文版Windows 7。

开发环境:Microsoft Visual C++ 2010学习版。

参 考 文 献

[1] 谭浩强. C程序设计[M]. 4版. 北京：清华大学出版社，2010.

[2] 吉顺如. C程序设计教程与实验[M]. 北京：清华大学出版社，2011.

[3] 邹修明，马国光. C语言程序设计[M]. 北京：中国计划出版社，2007.

[4] 明日科技. C语言常用算法分析[M]. 北京：清华大学出版社，2012.

[5] 钱雪忠，周黎，钱瑛，等. 新编 Visual Basic 程序设计实用教程[M]. 北京：机械工业出版社，2004.

[6] 钱雪忠，周黎，钱瑛，等. 新编 Visual Basic 程序设计教程[M]. 北京：机械工业出版社，2007.

[7] 钱雪忠，等. 数据库原理及应用[M]. 3版. 北京：北京邮电大学出版社，2010.

[8] 钱雪忠，等. 数据库原理及技术[M]. 北京：清华大学出版社，2011.

[9] 钱雪忠，等. 数据库原理及应用实验指导[M]. 2版. 北京：北京邮电大学出版社，2010.

[10] 钱雪忠，宋威，吴秦，等. 新编C语言程序设计[M]. 北京：清华大学出版社，2014.

[11] 钱雪忠，赵芝璞，宋威，等. 新编C语言程序设计实验与学习辅导[M]. 北京：清华大学出版社，2014.

[12] 钱雪忠，宋威，钱恒. Python语言实用教程[M]. 北京：机械工业出版社，2018.

[13] 天明教育计算机等级考试研究组. 全国计算机等级考试上机题库：二级C语言程序设计[M]. 成都：电子科技大学出版社，2017.

[14] 天明教育计算机等级考试研究组. 全国计算机等级考试真题详解及密押试卷：二级C语言程序设计[M]. 成都：电子科技大学出版社，2017.

[15] 王洪海，陈向阳，盛魁，等.C语言程序设计实验指导[M]. 北京：人民邮电出版社，2011.

[16] 刘波平，高文来，常东超.C语言程序设计习题精选与实验指导[M]. 北京：清华大学出版社，2010.

[17] 杨有安，曹惠雅，陈维，等.C语言程序设计实践教程[M]. 北京：人民邮电出版社，2012.

[18] 颜晖，张泳. C语言程序设计实验与习题指导[M]. 北京：高等教育出版社，2010.

[19] 张磊，冯伟昌，黄忠义. C语言程序设计(第4版)实验指导与习题解答[M]. 北京：清华大学出版社，2018.

[20] 赵建辉，李国和，张秀美. C语言学习辅导与实践[M]. 北京：电子工业出版社，2018.

图书资源支持

感谢您一直以来对清华版图书的支持和爱护。为了配合本书的使用，本书提供配套的资源，有需求的读者请扫描下方的“书圈”微信公众号二维码，在图书专区下载，也可以拨打电话或发送电子邮件咨询。

如果您在使用本书的过程中遇到了什么问题，或者有相关图书出版计划，也请您发邮件告诉我们，以便我们更好地为您服务。

我们的联系方式：

地　　址：北京市海淀区双清路学研大厦 A 座 714

邮　　编：100084

电　　话：010-83470236　010-83470237

客服邮箱：2301891038@qq.com

QQ：2301891038（请写明您的单位和姓名）

资源下载：关注公众号“书圈”下载配套资源。

资源下载、样书申请

书圈

图书案例

清华计算机学堂

观看课程直播